你也可以做
老板

晓媛 编著

煤炭工业出版社
·北京·

图书在版编目（CIP）数据

你也可以做老板／晓嫒编著．－－北京：煤炭工业出版社，2018

ISBN 978－7－5020－6967－4

Ⅰ.①你… Ⅱ.①晓… Ⅲ.①成功心理—通俗读物 Ⅳ.①B848.4－49

中国版本图书馆 CIP 数据核字（2018）第 245176 号

你也可以做老板

编　　著	晓　嫒
责任编辑	马明仁
编　　辑	郭浩亮
封面设计	荣景苑
出版发行	煤炭工业出版社（北京市朝阳区芍药居 35 号　100029）
电　　话	010－84657898（总编室）　010－84657880（读者服务部）
网　　址	www.cciph.com.cn
印　　刷	永清县晔盛亚胶印有限公司
经　　销	全国新华书店
开　　本	880mm×1230mm $^1/_{32}$　印张　$7^1/_2$　字数　200 千字
版　　次	2019 年 1 月第 1 版　2019 年 1 月第 1 次印刷
社内编号	9847　　　　　　　　　　　定价　38.80 元

版权所有　违者必究

本书如有缺页、倒页、脱页等质量问题，本社负责调换，电话:010－84657880

前 言

到底该打拼出一番自己的事业，还是继续埋头打工？这是很多苦苦挣扎的打工者都会思考的一个问题。其实，拥有自己的一份事业不仅仅是为了获得多少金钱，而是为了梦想实现的成就感和满足感。比如世界首富比尔·盖茨、香港首富李嘉诚、石油巨鳄洛克菲勒等，他们已经拥有数不尽的财富，可他们仍然不愿放弃自己的事业，仍然坚持工作，为什么？因为他们希望从自己的事业中获得一种成就感，这样的人生才富有意义和价值，才是幸福的人生。

其实，不是苹果从未掉到过你的头上，只是当它掉下来的时候，正好砸疼了你的头顶，于是你愤怒地把它扔掉了。自然，你就没有机会推出"万有引力"的研究成果。但是当这个苹果砸向

牛顿的时候，情况就不同了。他没有恼怒，他感到很好奇：为什么苹果会向下落，而不是向天上飞？于是，他带着好奇开始了研究，经过一番试验和探索，他终于找到了问题的答案——原来竟然是地球在吸引它向下落。这个研究成果是前人所不曾发现的，于是牛顿便在一夜之间功成名就了。

乍看起来，是不是感觉这只是一种幸运使然呢？非也，那些成功者有的不仅仅是人们所谓的"运气""巧合"等外在的助力，更重要的是他们有一双能够紧紧抓住机遇的手和一个善于思索的头脑。

机遇就像稍纵即逝的彩虹，如果你无法在它出现的一刹那看到它的美丽，就只能喟然感慨，空留遗憾。我们每个人缺少的并不是机遇，而是当机遇来临时你是否抓住了它。

目 录

|第一章|

抉择——打工,还是做老板?

你想打多久的工 / 3

为自己工作 / 8

做老板,不做白领 / 13

拥有自己的事业是一辈子的事 / 18

把工作当成自己的事 / 22

生命的意义在于工作 / 26

工作着,便是幸福的 / 31

像老板一样思考 / 37

| 第二章 |

企图心——凭什么你不能做老板

做个有企图心的员工 / 43

永不知足 / 48

不甘平庸,你也可以做老板 / 52

坚定地朝着目标奋进 / 57

相信自己是千里马 / 63

"安分守己"没有出息 / 69

成为不可缺少的"红人" / 74

永远多做一点 / 79

目 录

|第三章|

情商——锻炼职场交际能力

不要让坏情绪影响工作 / 85

不做孤胆英雄 / 91

宽容是金 / 97

诚信是职场取胜的奠基石 / 103

谦虚助你好前程 / 108

注意你的"嘴" / 114

难得糊涂 / 125

像爱家一样爱公司 / 131

端正你的工作态度 / 135

|第四章|

品质——修炼做老板的职业精神

1+1＞2 / 143

敬业就是一种业绩 / 149

"差不多"心理要不得 / 154

勤能补拙是良训,一分辛苦一分才 / 160

成功就是"与别人不一样" / 165

勇担责任,不找借口 / 171

比老板更积极主动 / 178

认准老板,不离不弃 / 183

目 录

|第五章|

能力——掌握和拥有专业技能

努力提高专业技能 / 189

不断学习，不断进步 / 193

树立正确的财富观 / 199

职场不欢迎"花心"人 / 203

爱岗才能有所成就 / 208

干一行，精一行 / 213

学会管理时间 / 218

站在对方的位置考虑问题 / 223

拖延是成功的大敌 / 228

第一章

抉择——打工，还是做老板？

第一章　抉择——打工，还是做老板？

你想打多久的工

传说世界上有一种天生没有脚的鸟，它们一生下来便只能在天空中永不停止地飞翔，直到哪天它们筋疲力尽，再也没有力气飞下去，就会像石块一样坠落到地面上，而这却意味着它们生命的结束。

这很像如今的员工，他们用青春换取生存的食粮，过早地透支着自己年轻的生命，以健康为代价换取生存的钞票。在这个繁华的世界里，为了房子、车子、票子，他们忙得焦头烂额。为了保住自己的饭碗，甚或挣到更多的钱，得到更好的发展，他们的压力很大，心理出现了问题。他们清楚地知道自己职场的黄金阶段便是自己最美丽的青春时期，而一旦到了体力、活力都下降的年龄，便意味着自己职业生涯的完结。

面对这种情况，打工者的出路何在呢？不工作？这肯定是不现实的，人毕竟要生存；不打工，自己开公司做老板？也许

是一条不错的出路。但是，你要清楚你是否具备这个能力，这条路风险丛生，弄不好就会粉身碎骨。

不打工，有以下几个理由：

首先，打工者压力较大，身心不健康，有的职业寿命太短。曾经，有一个媒体推出了"中国十大最赚钱的职业"排行榜，这些职业因为待遇好、发展空间大而备受年轻人的青睐，可是在调查过程中却发现，有80%的人称并不满意自己的工作，他们认为自己是在吃"残酷的青春饭"，他们说活得很累，心理压力很大，但为了生存又不得不继续干下去。繁重的工作和压抑的环境吞噬着他们的健康，身心都出现了严重的问题。

有人说老板也很辛苦，他们的健康同样也受到威胁，但是相对而言，老板还是要比打工者轻松得多，因为他们可以自由支配自己的时间，困了、累了可以随时休息，或者外出旅游放松身心。而打工者就不行了，即使再累，即使得了病，也要忍着病痛硬撑下去，而一旦请假，公司就要扣减本来就不多的薪水。

此外，打工者多从事办公室伏案工作，因此久坐很容易得职业病。而老板有条件，也有时间外出锻炼身体，显然要比打工者健康很多。在治病方面，他们也优越很多。打工者平时有小病不能请假，有了大病也没钱治，而老板却可以经常体检，

第一章 抉择——打工，还是做老板？

得了病有钱做最好的治疗。

其次，打工挣钱少。据央视国际调查显示，中国白领阶层平均每月薪金7000元，有一半人对月薪表示不满意，只有1%的人感到不错，而18%的人认为自己所获薪酬太少，与自己的付出不成正比。这表明，白领们大多数感到付出与收入相差悬殊。

中国白领与老板的收入差距甚大，远远超出了世界平均水平，造成这种局面的主要原因是中国人缺乏自主创业精神，创业者少，打工者多，这种情况自然也就有利于老板。而对于打工者来说，如果一味地打工，那么他将缺失越来越多的利益。

另外，打工不自由。在给人打工的过程中，作为一个员工要服从别人的管制，有时候要夹着尾巴做人，有时候要打掉牙往自己肚里咽，有时候要面临被淘汰的危险，等等。

在大街上，你如果稍加留意就不难发现有多少人皱着眉头，有多少人工作缺乏热情，有多少人在自己的日记中写下"再也不打工"的豪言壮语。可是，又有多少人真正有勇气走出这一步？他们总是抱怨时机不成熟、没有条件、没有资金、没有关系，总之，就是一句话："我当不了老板！"

也许会有人说，打工者里面也分高低，有的"打工皇帝"比小老板挣得还多，又不用承担什么风险，何苦要当老板操心

受罪呢？比如世界第一CEO韦尔奇，他的收入岂是一个开夫妻店的老板所能比的？但是世界上能有几个韦尔奇？而且更重要的是，他并非纯粹的打工者，他的很大一部分收入来自于他所持有的股份。而我们身边的那些所谓的白领、金领，他们的工作并不比老板轻松，而拿到的薪水却连老板的百分之一都没有，还要整天看老板的脸色，忍受种种不公平的待遇。

此外，打工者也面临风险，特别是被"炒"失业的风险。有人说，做老板的风险是最大的，他们一旦破产，就面临着倾家荡产的可能。但是除非到了山穷水尽的地步，一般老板是不会轻易破产的。有一些公司也有赔钱经营的时候，但那也是暂时的，做生意都有一个淡季和旺季的区别，淡季时赔钱了，坚持到旺季时又会很快赚回来。坚持几年，就能积累丰厚的资本，也就有了抵御风险的能力。一般而言，没有特殊情况，很多老板不会面临破产的境地。

但是打工者就不同了，他们的命运掌握在老板的手里，即使再优秀的员工，如果稍不留心冒犯了老板，也会面临被"炒"的危险，许多老板对人才并不是太珍惜，他们总是觉得在外面排队的人才多如牛毛。

因此，不管你现在的打工历程是否顺利，都要为自己留条

第一章　抉择 —— 打工，还是做老板？

后路——创业。有人说，我也想创业，可是没有机会。难道真的是没有任何创业时机吗？还是你根本就没有创业的意识？如果有创业做老板的意识，时刻为将来的创业做准备，当时机来临时，只要你能紧紧抓住，并果断地过渡到自己的事业中去，就能实现自己当上老板的愿望。

聪明的你，打工还要打多久？

为自己工作

你在为谁工作？你为什么工作？

有人以为我付出劳动，老板开给我工资，这是天经地义的等价交换，我工作就是为了拿到那份薪水，除此以外没有什么是我工作的目的。

有这种思想的人不管有多么高的职位，拿着多么高的薪水，他在老板的心中是多么重要的红人，一旦与老板产生了分歧，发生了矛盾，就等于在这个公司没有了任何地位。因此，为钞票而打工的人不可能在职场中开辟出自己的一片天地。只有抱着做事业的心态做事，抱着为自己做事的心态去工作，才能有所成就。

从表面上看你是在为别人工作，是在为别人创造利益，其实，你也是在为自己而工作，你在为别人创造财富的同时也解决了自己的生存问题。也许有的员工会说："即使我在为自己

第一章　抉择——打工，还是做老板？

工作，我所得的财富也太少了，跟我付出的简直不成正比。"

世界上永远有一个规律就是，老板永远比员工收入多，"追求利润的最大化"永远是老板的长期目标。而且做事的态度也不同：老板是抱着为自己工作的态度做事，而你是抱着为他人做事的态度工作，这两种不同的态度当然会产生两种不同的结果。

事实上，如果你明确自己是在为自己而工作，把工作当成自己的事业来做，那么，你就有可能开创出属于自己的事业，走向成功之路。

有人指出，人生有三分之二的时间是花在工作上的，因此，怎么看待工作这件事，对一个人的发展十分重要。

工作是我们生存的经济来源，也是我们成就感和价值感的所在，从工作中获取金钱不应该是我们工作的全部意义，而把工作当成自己的事业才是最重要的。

我们这一生都与工作紧密相连，不是吗？我们每天的时间大部分都花在了工作上。也许有人要反驳这一观点，他们说："工作不是每天8小时吗？"是的，从表面上看是8小时，但是，办公室里面这看似短短的8小时不是独立存在的。早上，我们8点上班，但是我们需要在六七点就起床，然后梳洗打扮，有

时吃早餐,有时来不及吃,急匆匆地从家门出发去上班。下班后,很多人会加班几个小时。这中间的几个小时都因为核心的这8小时而发生。表面上,办公室里的8小时是工作的直接时间成本,但是,加上前后这些间接时间成本,每个人一天至少为工作花掉十二三个小时。

事实上,我们和自己的亲人相守的时间,永远比不上在公司与同事相处的时间多。

我们的工作与生命紧密相连,与生活紧密相连,我们如何看待工作,也就是如何看待生命。我们如何善待自己的工作,也就是如何善待自己。

因此,对待"为什么而工作"问题的回答就显得尤为重要。认为为公司、为老板而工作的人是缺乏工作积极性的人,他们把工作当成一种负担和包袱,他们觉得工作是为了他人创造财富、创造价值,而从没有想过其实也是在为自己积累经验和资源。

诚然,作为员工获得的利益屈指可数,但是如果你不以薪水为工作的目标,那么迟早有一天你会做出一番成就,得到你应得的利益。上天是公平的,所有的老板都是从当初那个艰难的员工时代走出来的,他们也曾经历风雨,遭受坎坷,拿着微

第一章 抉择——打工,还是做老板?

薄的工资,过着艰难的生活,但是他们明白,一切其实都是在为自己工作,因此他们成功了,当上了老板。而你如果也能明白这个道理,你也可以当上老板。

有一个人在公司工作了将近5年,他的薪水还是一直不见涨,职位也是一直属于最低的那种。看着身边的很多人都升职、加薪,他不禁感到委屈起来:我在这里干了这么久,到现在还是老样子,真让人受不了。终于,他忍不住向老板诉起苦来,老板说:"你在公司虽然待了5年,但是这期间你并没有努力工作,你的工作算不上优秀,你的能力连一个新手都不如。"

这话给了他当头一棒,他没有想到自己辛苦工作的结果竟然如此,他有些寒心,但是又无话可说,因为事实的确如此,他的工作确实没有别人优秀。

后来,他仔细思考了一下,发现这5年来,他一直都在为这份薪水而工作,而不是为了自己、为了将来的事业而工作,以这样的心态,肯定无法做出成就。

其实,能力和经验永远比薪水重要,薪水会很快花掉,而能力和经验却一直不会消失,它才是你一生最宝贵的财富。只要拥有了这种财富,你就不必担心没有较高的薪水。因此,为

薪水而工作的人是最愚蠢的人。

现在很多人总觉得工作完全是为了别人，自己是在为别人做事。其实，抱有这种想法的人也是目光短浅的。我们不能把目前为别人工作当成永远为别人工作，要知道，只有把目前的工作做好了，你才可以拥有更好的工作，甚至是自己的事业。

为自己工作，而不是任何人。把工作当成自己的事业来做，你才会重视现在的工作。虽然公司不是你的，但公司至少给你提供了一个平台，给你空间和机遇去做事情，如果你不珍惜，就等于在浪费自己的时间和生命。如果你努力，也许将来某一天你会有自己的公司，你会发觉你以前做事的经验对你将有很大的帮助。所以，为自己工作就是对自己的生命负责。

只有为自己工作才能让自己充满干劲，充满热情，不知疲倦，而一个总消极地为别人工作的人在工作上肯定会拖拉倦怠，把工作看成是一种苦役，这样你就会不停地抱怨，逐渐产生抵触心理，如此一来，你的工作将很难做好。所以，不要抱怨你的工作，或者因为是在给老板工作而敷衍了事。实际上我们是在为自己工作，为我们以后的事业铺垫道路。

做老板，不做白领

"白领"，一个流行且时髦的称谓，它代表了一种新的职场人类。他们学历高，接受过良好而系统的学校教育；他们收入高，从年薪几万元到几十万元不等；他们思想前卫，具有独特的个性和见解；他们拥有一技之长而被老板聘用，在许多大公司、大企业担任技术或管理类职务；他们大多从事脑力劳动，整天待在办公室；他们衣着光鲜，步伐永远快捷有力；他们身上拥有多张银行卡、VIP卡……总之，他们代表了一种高级、时尚的生活状态和生活品质。

白领已经成为很多企业不可缺少的中坚力量，他们在一个企业中占有相当重要的地位，而且他们创造的价值也成全了老板的事业，同时他们年轻、富有朝气、精力充沛，这也是老板喜欢雇用他们的原因。

相对于白领而言，老板就显得辛苦了很多，至少在公司所

承担的风险上，他们比白领的压力要大得多。于是，很多人都说做老板很累，很烦，因为做老板要担负巨大的压力，弄不好企业就会倒闭，负债累累。而白领就相对轻松了许多，他们只要干好自己的工作，就可以每个月拿到不菲的薪水，也不用担什么风险。所以有很多人抱着这样一种思想：行行出状元，打工打好了，照样可以收入不菲，衣食无忧，何苦要当个老板操那么多心呢？诚然，这种说法有一定的道理，但它只适用于不求上进、甘于平庸的人，那些具有雄才大略的人则不会甘心一辈子给人打工。

有一个叫雷的男孩，他从一所普通的大学毕业后，独自闯荡京城。靠着自己的拼搏，刚刚30岁的他就被聘为公司总经理，年薪高达20万元，每年还有几次出国旅游的机会。尽管工作很累，但他觉得已经很满足了。可是，在一次回家的旅途中，他碰到了小学同学小胖子，两人聊了各自的情况后，雷的工作满足感再也没有了。

当初，在他离开家去省城读大学时，小胖子还是个在农村做"倒猪"生意的小商贩，小胖子开着拖拉机到农村买猪，然后再卖到食品公司。

第一章 抉择——打工，还是做老板？

那时候，雷是瞧不起满身臭猪味的小胖子的，觉得他再怎么折腾也不过是个猪贩子而已，而自己却是有着高学历的文化人。于是两个人在无意中碰到时，雷还是显得有些傲慢。

小胖子显然比较亲切，他拉着老同学的手使劲地摇晃，这让雷觉得浑身不自在。后来，两个人在谈到工作时，小胖子满脸堆笑地问雷在外面能挣多少，雷一开始觉得在老同学面前说出自己的高收入，似乎有点炫耀的意思，但是转念一想，说说也无妨，于是他就照实说了。

谁知道，雷刚说完，小胖子一下子笑起来："20万元？想不到你浑身能耐却挣这么点啊！"

一句话让雷顿时无话可说，他显得有些恼怒，于是反问小胖子："你大老板能挣多少呢？"

小胖子一副愁眉苦脸的样子说："唉，今年因为行情不好，才赚了50万元。"

50万元！这个数字让雷有些震惊，他没有想到一个小小的猪贩子能挣这么多钱。回到家后，他从其他老同学和乡邻的口中打听到小胖子确实是村里的富翁了，这50万元还是生意不好

的时候的收入，好的时候一年能挣近百万呢！

雷不禁黯然神伤，想不到自己在外打拼多年，满以为功成名就，收入不菲了，却还不如一个小猪贩子，而且，人家是老板，在权力和自由上更是无法相比的。

想想自己这么多年来为公司出力卖命，其辛苦程度绝不比一个猪贩子轻松，雷的心理上再也无法平静了。

回到公司，雷就提交了辞职报告，临走时，他告诉老板，他要出去闯一闯，做自己的事业。

几年之后，雷已经是富甲一方的大企业家了，他的资产已经达到了1亿元。

虽然老板有很多辛苦，但是白领的压力也越来越大。他们在激烈的竞争环境中越来越不堪重负，加班对于他们已成常事，职位的角逐也越来越厉害，因此他们必须每天卖命地工作，以免被淘汰出局。

尽管他们的收入相对较高，但是与自己所创造的价值相比，差距还是很大的。更重要的是，公司的利润即使有了很大幅度的提高，白领们的薪水往往也不会上涨，即使上涨，也不会有多大涨幅。从表面上看，很多打工者，特别是高级打工者，一年

第一章 抉择 —— 打工，还是做老板？

有几万元、十几万元的收入，确实已经不错了，但是几年后、几十年后，他们的工资却增长不了多少，因为他们的能力不可能无限度地提高，而老板的利润却如滚雪球一样越滚越大，这种差距自然也就是无数人想要自己做老板的重要原因。

拥有自己的事业是一辈子的事

　　打工者工作再出色，也是给别人做事，纵然名利双收，也很难体会到多大的幸福感，因为那终究不是自己的事业。操持一个小摊，当一个小老板，每个月挣几千元钱，与一个在大企业里做部门经理，每个月挣一万元钱的高级白领相比，幸福感多的是小老板，前途广阔的是小老板，因为他还有机会挣到大钱，而高级白领的发展空间则有限得多，因为他的能力不可能无限度增长，他的职位不可能无限度上升。打工种的是一棵树，而老板植的是一片林。一棵树的利用价值是无法跟整个森林相比的。

　　有人说，做老板又累又苦，心都操碎了，到最后也不知是赚是赔。给人打工多好啊，虽然工作辛苦，很多方面受到约束，但是不用操那么多心，每个月固定地领工资，不用担心其他的事。可是，纵使你现在的工作很好，但是你能保证一直工

第一章　抉择——打工，还是做老板？

作而不失业吗？你能保证公司一直兴旺发达，而你一直都有高薪水吗？

一个公司的兴旺发达与一个员工的前途息息相关，员工的命运很大程度上依赖于公司，因此，公司兴，则员工兴；公司亡，则员工亡。可以说，员工始终是跟随公司走的，当一个公司突然倒闭的时候，员工将别无选择，只能再重新寻找新的工作，这对自己的事业无疑是一个不利的影响。即使是身在很有实力的大企业、大集团，也不能免除这种后顾之忧。当公司不存在的时候，员工的利益受到影响，而公司对此是不负任何责任的。

现在的失业率越来越高，很多高学历的人也无法找到满意的工作，大学学历者成了裁员的首选，政府因此将再培养"下岗白领"作为一个重要任务来抓。因此，一个好心的老板总是会告诫员工："不要指望一份工作干上一辈子。"

在美国经济衰退期间，蓝领和白领之间的失业率基本持平，这说明即使是白领也不能保证一辈子有一个铁饭碗，下岗、失业成了所有打工者都会面临的问题。

凡事靠自己。靠别人而活，永远活不出精彩。同样，工作中靠他人的力量永远无法实现自己的理想，也无法开创出一片

属于自己的事业来。只有自己去努力，才能真正体会到那份创造一项事业的成就感和幸福感。因此，拥有自己的一份事业是一个人一生的幸福所在。

有这样一个故事，令人深思：

有一天，四个年轻人和一位哲学家一块儿从一个屠宰场经过，里面有一匹老马被关在畜栏里，哲学家问："你们觉得这个地方如何？"

第一个人说："这个地方臭气熏天，在都市区从事这种行业真不是什么好事。"

第二个人说："如果能找到治疗老马的药物，一定可以使许多动物免死。"

第三个人气愤地说："只因为这些动物很温驯，斗不过人类，那么人类就要残忍地杀死它们吗？"

第四个人思考了一下说："我看这个地方是个做生意的好地方，如果投资5万元，每年应该可以赚4万元，利润丰厚。"

听完他们的回答，哲学家意味深长地说："第一个人可以成为政治家，第二个人可以成为兽医，第三个人可以成为传教士，第四个人则可能成为富甲一方的老板。"

第一章　抉择 —— 打工，还是做老板？

　　赚钱、做自己的事业，往往是很多老板所追求的共同目标。他们有经营者的头脑，总是时刻想着如何赚钱，如何获取更大的经济利润，这是打工者与老板的不同之处。

　　到底该打拼出一番自己的事业，还是继续埋头打工？这是很多苦苦挣扎的打工者都会思考的一个问题。其实，拥有自己的一份事业不仅仅是为了获得多少金钱，而是为了梦想实现的成就感和满足感。比如世界首富比尔·盖茨、香港首富李嘉诚、石油巨鳄洛克菲勒等，他们已经拥有数不尽的财富，可他们仍然不愿放弃自己的事业，仍然坚持工作。为什么？因为他们希望从自己的事业中获得一种强大的成就感，这样的人生才是富有意义和价值的人生，才是幸福的人生。

　　因此，很多人立下自己做老板、自己创业的宏愿，他们以为"工"字无出头，打工仔永远都是打工仔，不做老板枉活一生。自己做老板，生意再小，也是自己的，挣得再少，也无怨无悔。

把工作当成自己的事

拥有自己的事业是很多打工者追求的梦想，这样的人生才是一个成功的人生，但是很多人只是把它当成一个梦想偶尔想想而已，很少有人真正在实践中为了自己的梦想去行动。

要拥有自己的事业就要把你目前的工作当成自己的事来做，投入你满腔的热情，付出全部的精力，认真工作，努力做好，争取做出一番成就。

把工作当成自己的事，才能督促自己坚守岗位，鼓励自己在遇到困难时不退缩，在获得成功时不骄傲，才能在不远的将来创建属于自己的事业。

日本有一个"终身成就奖"，它是一个国家级的奖项，颁发给那些一辈子敬业、守业的人。因此，很多人最大的梦想就是可以在退休时获得这样一个奖，因为它代表着无上的荣耀。当时人们猜想也许这个奖项会发给某个做出突出贡献的大人物，但是出人意料的是，这个奖给了一个小人物——清水龟之助。

清水龟之助只是一个小小的邮差，一名橡胶厂工人。但是他获得了这个奖项，这跟他的职业精神是分不开的。

在做邮差的最初日子里，他也同大多数人一样充满了好奇和热情，但是这种热情只持续了一年便消失殆尽了，他对这份工作充满了厌倦，因此，他决意辞职。

当他清理物件时，发现信袋里还有一封信没有送出去，于是他想把这封信送出后再递交辞呈。

然而他一看信顿时傻了眼，这封信被雨水打湿了，信上的地址字迹已经模糊不清，清水龟之助费了很大力气，还是没能辨认出来。后来，他就根据模糊的字迹去碰运气，因为他不知道去往这个地方的行走路线，因而他跟路人打听了很久，终于在傍晚时找到了这个地址。

当收信人接到信时顿时泪流满面，他说这是他盼望了很久的大学录取通知书，他已经等了很久，原以为没有希望了，谁知今天终于收到了。

直到此时，清水龟之助才深深体会到邮差这份工作的伟大

意义。原来一份看似简单的送信工作对其他人来说竟然如此重要，一封信带给人的绝不是简单的几个字而已，它是一种喜悦和安慰。这对收信人来说是非常重要的。

顿时他对自己的工作肃然起敬，原来自己一直在做着如此有意义的一件事，这是一份多么高尚、多么光荣的工作。

之后，他撕掉了辞职报告，在工作中投入了满腔的热情，一干就是25年。他把自己这一生都献给了这份职业。这25年里，他一天都没有迟到过，而且总是最好最快地完成工作。后来，天皇知道了，于是召见了他，并嘉奖了他。

"一个人把自己的工作当成自己的事来做，就不会觉得苦，觉得累，如果你只是把它当成一个换取薪水的交易来做，你就永远不会做出什么成就来。"在获得"终生成就奖"时，清水龟之助这样说。

公司不是自己的，但是这份工作却是属于你的，你既然做了这份工作，就要"在其位，谋其政"，就要认真对待这份工作，就要把它当成自己的事去做好，而不是敷衍了事、马马虎虎。

把工作当成自己的事业来做，就不会再有任何抱怨，就会心甘情愿、任劳任怨，就不会总是挑肥拣瘦、拖拖拉拉。

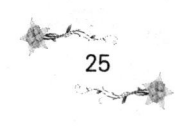

有的人认为就算工作做得再好，无非也是给人家做嫁衣，自己的生活还是贫穷而苍白。但是，这种局面只是暂时的。世界是公平的，有付出就有收获，只是时间的早晚而已。如果你全心全意地真正付出了，那么你一定会收获丰硕的果实。认真工作除了可以让老板欣赏你、同事佩服你之外，还能充实自己的知识、能力和经验，这在任何时候都是一笔财富，有可能还是你创业的一个契机。

因此，聪明人把工作当成自己的事去做，认真而努力；愚蠢的人总是计较眼前的得失，对工作缺乏热情，长此以往，想要有一番成就是绝对不可能的。

生命的意义在于工作

一个人忙碌了一辈子，终于累倒在他的办公室中，再也没有醒来。之后，在去阎罗殿的路上，他看见一座富丽堂皇的宫殿，他推门进去之后，发现这里简直就是天堂，一切物品应有尽有，而且每一个地方看上去都是那么舒适。

主人看出他对这里的喜爱和眷恋，于是便热情地邀请他在这里暂住几日。

这个人非常高兴，便迫不及待地答应下来，而且告诉主人说自己有一个要求，他说："我在人世间辛辛苦苦忙碌了一辈子，没有好好享受过，现在我再也不想工作了，我只想好好地享受。"

主人很爽快地答道："我非常乐意满足您的需求。我这里应有尽有，可口的美食供您享用，你想吃什么就吃什么；舒服的床铺供您休息,您想睡多久就睡多久。至于您说不想再工作,那更是不成问题。"

这个人高兴极了,于是便在这里住了下来。

接下来的几天,他便开始享受自己的生活。他每天吃了睡,睡了吃,什么事情都不需要做,他感到非常满足,感到这才是真正的幸福。但是慢慢地,他开始感觉有点乏味,对于那些美食,他已经不想再吃,那舒服的床铺,他也不想再睡。他只是觉得内心空虚而又寂寞,他开始怀念生前的工作。

于是,他向主人提出可否给他提供一份工作,以让他打发这空虚的时间。但是主人却说:"尊敬的客人,十分抱歉,我这里从来都不需要任何人去工作。"

这个人感到非常失望,他没有想到一直以来自己向往的天堂竟然如同地狱一般痛苦。

很多人觉得工作是辛苦而乏味的,他们总是希望自己可以不用工作而舒舒服服地享受生活,然而,一旦没有工作时,便又觉得无聊,无法看到自身的价值。

工作是生命的一个重要部分,人的一生中绝大部分时间都是在工作中度过的,我们除了睡眠的时间之外,三分之二的时

间都花在了工作上面。工作已经与我们的生命紧紧相连，它不仅仅是我们安身立命的基础，更让我们在辛苦中体味收获的甜蜜，在奋斗的过程中体会生命的意义。我们在努力工作中为社会创造了价值，同时也实现了自我的价值。

一般而言，有工作的生活才是真正的生活。一个一生都没有好好工作的人，在年老时会心生忏悔，会感到虚度了光阴，这些人终生一事无成，最终也无法看到自身的价值，无法实现自己的理想。

蜜蜂的生命是短暂的，但是它一生都在辛勤地采花、酿造蜂蜜，为他人提供甜蜜的食品，因而它生命的意义是伟大的。人的生命的意义也是在工作中得以实现的，工作是人生中不可或缺的一部分，是人的生命价值所在。

同时，工作也是一种精神寄托。在这个纷繁芜杂的世界里，没有精神支柱的人犹如没有灵魂的行尸走肉，内心空空荡荡，看不到未来的方向，在空虚和寂寞中庸碌一生，蹉跎岁月。而工作让我们在紧张忙碌的日子里看到自身存在的价值，它让我们在这个喧嚣的世界里保持自己的一份追求和理想。有了这种追求，人生的路即使再艰难，也不觉得苦。

我们都知道鲁迅是位伟大的文学家，他一生都把写作当成

第一章　抉择 —— 打工，还是做老板？

自己的精神寄托，把自己的理想和追求寄托在每一篇文章、每一部著作里面。他一生勤勤恳恳，视工作为自己的生命。他一生所著书籍浩如烟海、洋洋大观，在中国和世界文学史上树立了不朽的丰碑。

他的生命虽然短暂，但在这有限的生命里，他却创造了无限的价值。有人统计，鲁迅一生曾经用过156个笔名，写了近千篇杂文，34篇小说，10篇散文，23篇散文诗，73首诗歌，共200多万字；辑录、校勘古典文学作品和有关研究古典文学的著作，共约80万字；翻译介绍外国文艺理论等作品共约310万字。总共约有600万字。

同时，在辛苦写作的同时，他还把培育青年一代作为自己的一项工作认真对待。在他的一生中，他亲自接待过约500个来访青年，亲手拆阅过1200多封青年来信，亲自给他们回信3500多封，现收集到的信有1000多封，共约80万字。如果再加上散失的2500多封信和他25年的日记，以及其他书信等，那么鲁迅在短短30年间，总共写下了1000多万字。平均计算，每年写33万多字，每月写27000字，每天写900多字。

一个人的生命是有限的,而在这有限的生命里,如果让工作充实自己的人生,在勤劳中体会创造的价值,那么,生命便是永恒的。

第一章　抉择——打工，还是做老板？

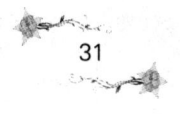

工作着，便是幸福的

比尔·盖茨大约有500亿美元的财产，如果他每年用掉1亿美元也要500年才能用完，但是他现在仍然没有放弃工作，而且依然那么努力，坚持每天工作，为什么？

斯蒂芬·斯皮尔伯格的财产大约有10亿美元，这已经足够他后半生过优裕的生活了，但他依然不停地拍片，为什么？

美国Viacom公司的董事长萨默·莱德斯通勤奋工作了一生，但是在63岁时他做了一个惊人的决定：建立一个庞大的娱乐商业帝国。尽管家人极力劝阻，认为他应该放弃工作，享受晚年。但是他不听劝告，他说自己根本不老，还需要努力工作。就这样，他又将全部精力投入到工作中去，他每天都将自己的时间安排得满满的，几乎没有让自己享受过休息日，有时甚至一天工作24个小时，为什么？

萨默·莱德斯通的一句话可以给我们一个最好的答案：

"实际上，钱从来不是我的动力。我的动力是对于我所从事的工作的热爱，我喜欢娱乐，喜欢我的公司。我有一种愿望，那就是实现生活中最高的价值。"

此时，他们对金钱已经不再看重，而是看重工作本身给自己带来的精神满足。

金钱在达到某种程度之后就不再诱人了，而追求自我价值的满足就成了人们最高层次的需求。此时在工作中体会创造的乐趣、享受成功的甜蜜就是他们最幸福的事。

当代著名《圣经》注释学家巴克莱博士在《花香满径》开篇中指出："幸福的生活有三个不可或缺的因素：一是有希望，二是有事做，三是能爱人。"

"有事做"是一种幸福，也就是说，一个工作着的人是幸福的。

工作着便是幸福的，一个有事可干的人在忙碌中可以体会那份创造过程的幸福，他们将日子填得满满的，每天都在不断创造，不断发展，每天都充满热情，充满活力，这样的日子即使有汗有泪也觉得甜蜜。相反，一个整天无所事事的人，在空虚中无聊地过日子，由于没事可干，他们的精神生活极度贫乏，很难体会到活着的价值和意义。而且最容易无事生非，生

第一章　抉择——打工，还是做老板？

活中清闲的时间越多，生命潜伏的危机也就越大。

丘吉尔说过："一个人最大的幸福，就是在他最热爱的工作上充分施展自己的才华。"只有从事自己热爱的工作，在自己喜欢的位置上勤奋工作，才能保持一种旺盛的精神。做自己喜欢的工作，即使再累再苦，也不会有任何抱怨。

工作对于生命的意义无穷，一个人通过工作才能真正全面地认识自己的能力和价值，并在工作中不断完善自己，领略人生各种况味。有喜欢的事情可做，就是在生命凄苦的泥淖之中开凿出了一道畅通的运河，沿途风景无限。

美国石油巨子、商业富豪约翰·洛克菲勒曾说："除了工作，没有哪项活动能提供如此高度的充实自我、表达自我的机会，也没有哪项活动能够提供如此强的个人使命感和一种活着的理由。工作的质量往往决定生活的质量。"

有一位大名鼎鼎的作家这样说："我的工作一直很忙碌，大多时间都花在写作中。这使我很少有时间顾及自己的家庭和娱乐，我每天都很累，但我觉得自己活得很充实，我心甘情愿，无怨无悔。相反，当我想懒惰时，我就会听到时间的马车如飞赶来——面前是无穷无尽的沙漠，尚待我的双手改造成绿洲。"

人生的意义在于工作，人生的价值在于工作。一个整天无

所事事的人不会感受到事业成功的喜悦之情；一个不想工作而游手好闲的人体会不到那种收获的甜美滋味。在工作中人们体会的是一种快乐，一种精神的愉悦。

一群年轻人整天无所事事，但却不怎么快乐，因为当看到别人拿着丰厚的薪水、奖金而快乐的样子，看到他们在愉快地谈论工作时，他们就觉得自己太过渺小，甚至一文不值。但是他们不想去工作，因为他们嫌工作太累。可是他们又向往快乐没有烦恼的生活，于是他们就到处寻找快乐。

有一天，他们在街上碰到了大名鼎鼎的大学问家苏格拉底，他们想，终于碰到救星了，兴许他知道如何找到快乐，于是他们向苏格拉底请教快乐到底在哪里。

苏格拉底说："你们还是先帮我造一条船吧，之后我自然会告诉你们！"

年轻人们很信任苏格拉底，于是就暂时把寻找快乐的事儿放到一边，答应帮他建造一条船。他们找来造船的工具，锯倒了一棵又高又大的树，挖空树心，造成一条独木船，足足用了七七四十九天。

船终于造好了，然后他们把独木船推下水，又把苏格拉

第一章　抉择 —— 打工，还是做老板？

底请上船。他们一边合力荡桨，一边齐声唱起歌来。苏格拉底问："孩子们，你们快乐吗？"

他们齐声回答："快乐极了！"

苏格拉底道："快乐就是这样，它往往在你为着一件事情忙得无暇顾及其他的时候突然来访。"

随后，这群年轻人听从苏格拉底的话，结束了长久以来的玩乐生活，找到一份自己喜欢的工作，认真地干了起来。几年之后，他们都成了最快乐的人，因为他们都取得了不小的成功。

现在有很多人抨击那些只知道工作而不顾及其他的人，说他们是"工作狂"。这些人被认为不懂得享受，不懂得生活，不懂得健康，因为他们吃饭没准点，睡觉没规律。但现在的心理学专家却提出了不同的见解："对工作不满的情绪甚至比没有规律的起居作息更有损健康，而对工作的满足感则对健康有利。"

有一个老板，他在自己50岁时宣布退休，全家移民美国。从此，他开始了自己的休闲生活：打高尔夫球与钓鱼。

一年后，出乎所有人的意料，他又回到公司去了。

朋友们都很奇怪，这位老板诚实地说："打高尔夫球与钓鱼连续一个月就烦了，没有工作形同坐牢，后来我在美国跟许

多移民一样,成了'三等人'。"

朋友们都好奇地问:"何谓'三等人'呢?"

这位老板苦笑道:"首先是等吃饭,吃完饭之后是等打牌,打完牌之后就是等死了。这样等了一年实在让人受不了,只好回来再开业了。"

一个以工作为生命的人只有在工作中才觉得幸福、快乐,而一旦停止工作,他们就觉得生活失去了色彩,没有意义了。

工作着,便是幸福的。

像老板一样思考

像老板那样思考，才能像老板那样做事，像老板那样拥有辉煌的事业。

要做老板，必须有老板一样的头脑，以老板那样的方式考虑问题，解决问题。不同的思维方式会产生不同的结果，这也就是一个人成功与失败的最大原因。

有一个故事很好地说明了思维方式不同会导致不同的结果。

在没有鞋子以前，人们都是赤着双脚走路，这在现在看来很不可思议，但在当时人们都已经习以为常。尽管人们刚开始赤脚走路时双脚硌得生疼，但时间长了脚底长满了老茧，也就习惯了这种生活方式。

当时，上至国王，下至平民，无一不是赤脚而行，人们按照这种方式生活了一辈又一辈。

有一位年轻的国王很喜欢游山玩水，一天，他忽然心血

来潮，想要到那些偏远的山村旅行。他兴致勃勃地上路，结果走到半路，道路崎岖不平，遍地碎石子，硌得国王双脚疼痛难忍，便生气地败兴而归。回去后，他想以后再也不去这个鬼地方了。但是人们说那里实在风景秀美，怎么办呢？爱玩的国王不想放弃这个游玩的好地方，于是他左思右想，希望可以想到一个好办法。他一边揉着青紫的双脚，一边思索。很快，他想到了一个好办法，于是他很得意地下了一道圣旨："把通往那个山村的路都给我用牛皮铺起来！"当时，很多大臣都无法相信自己的耳朵，"国王是不是疯了？怎么想到这个奇怪的点子？"很快，就有一些胆大的大臣给国王上书，指出这种方法劳民伤财，有悖常理。他们说就是把全国的牛都杀掉，也不够用来铺路。

这些上书国王一点儿都不理睬，开始大肆动工铺这条山路，老百姓都摇头叹息，但也没有什么办法。这时，国王的贴身随从终于忍不住开口向国王进言："您与其劳师动众牺牲那么多牛，何不用两小片牛皮包住您的双脚呢？"国王听了这话想要发火，但仔细想想觉得也有理，就吩咐人这样做了，于

是，世界上第一双皮鞋问世了。

国王是一国之王，虽然他的想法很好，却有悖常理。而随从的想法就比较符合实际。不同的思考方式，产生不同的想法、不同的结果。所以，思考对一个人的行动有着巨大的影响。

员工与老板的最大不同就是想问题的角度不同。员工考虑问题是站在员工的角度，而老板则是站在老板的角度。这种差别造成了不同的结果。就像一片星空，诗人想到的是浪漫，海员想到的是方向，星空依旧是那个星空，却因为人的不同而被赋予了不同的内涵。员工和老板的差距就在这里，同一件事不同的人去思考，就会产生不同的解决方法。要想成为老板，就要像老板那样思考。

老板思考问题往往从长远、从大局出发，他们不局限于目前的小利，而是放眼未来。他们敢想敢为，敢于冒险，敢于竞争；他们积极乐观，思维敏捷；他们宽容大方，不拘小节。如果你也能像老板那样思考，那样处事，那么你就能更快地完善自己，就有可能当上老板。

像老板一样思考，你就能更全面地了解你老板的内心世界，清楚他的做事风格，明白其希望达到的目标，同时还可以站在老板的位置上换位思考，这样做有利于你处理好与老板的

关系，不致产生误会和分歧，从而减少很多不必要的麻烦。

只有像老板一样思考，你才能更深刻地感觉到老板的过人之处，才能对他们在创业的道路上经受的挫折有一个比较全面的认识，才能体会到他们创业的不易。同时，像老板一样思考，你才能获得更多意想不到的收获，才能有更广阔的视野。

有的员工总是无法理解老板的做法，不明白老板的想法，认为他们不可理喻，不近人情，不讲道理。其实，如果以后你做了老板，你也会这样做。每个老板都是站在公司的大局考虑问题，他们要考虑公司的盈利、开支，因此，在平时的管理上，他们肯定会将这些作为重点来抓。因此，老板希望员工努力工作，以换取更多的利润。同时他们希望员工节约开销，也是为了获得更多的利润。而且他们还希望员工的待遇越低越好，这也是为了节省成本。但是作为员工对这些就不能理解，他们认为是老板太过小气，没有大家风范。其实，再大的公司、再好的待遇也是相对而言的，每一个老板的心理都是相通的，他们永远站在他们的位置上考虑问题。你所要做的只能是努力工作，以实际行动来证明自己的实力，从而开创自己的事业。

像老板一样思考，才能将自己的工作做得更好，才能逐步向老板的位子靠近。

第二章

企图心——凭什么你不能做老板

第二章 企图心 —— 凭什么你不能做老板

做个有企图心的员工

没有企图心难成大事。著名的黑人领袖马丁·路德·金说:"世界上的每一件事都是那些胸中揣着企图心的人们做成的。"美国的汽车大王亨利·福特也说:"成功与失败者的最大差别就在于是否有企图心。"

企图心是我们成就事业的基础。企图心和成功的关系,就像是蒸汽机和火车头的关系,企图心是成功的主要推动力。人类最伟大的领袖就是那些用企图心鼓舞他的追随者发挥最大热忱的人。你的企图心有多大,你的前途就将有多远。如果你把自己的企图心定位为只是不愁吃、不愁喝的目标的话,那么你也许只能达到刚好温饱的程度;如果你把企图心定位为富足、拥有大量财富的话,那么你可能拥有万贯家财。

达克尔·戴尔是个有企图心的人。他出生在美国一个比较殷实的家庭,从小父母就希望他将来做一名医生,但长大后的

戴尔却表现出对商业的深深眷恋，而对医学却丝毫不感兴趣。他似乎天生对金钱有着巨大的"兴趣"，而且这种"兴趣"让他的一生都在不停地追求成功。12岁时，他就通过邮购目录销售邮票，赚了2000美元。高中时，他又做推销《休斯敦邮报》的工作，从而赚了不少钱。他利用自己努力赚来的钱买了一部宝马车。看着这个小小年纪便用自己挣来的现金购买车子的少年，车行老板不禁目瞪口呆。

一旦有了企图心，这种强烈的愿望就犹如火种不易熄灭。紧接着，戴尔又发现了一个新的赚大钱的门路——电脑。当时，市场对个人电脑的大量需求并未充分满足，而零售商店的个人电脑售价过高，且销售员对电脑不是一窍不通，就是一知半解。针对这种状况，戴尔想出了一条赚钱的好路子：通过电话订购向客户直接出售按客户要求组装的电脑。于是，戴尔说服一些零售商将剩余的电脑配件存货以成本价卖给他。接着，戴尔在电脑杂志上刊登广告，以低于零售价15%的价格出售个人电脑。此后，订单如潮，戴尔在他的大学宿舍里组装起电脑来。

戴尔大学毕业后，用自己的积蓄办了一家电脑公司。第一

第二章　企图心 —— 凭什么你不能做老板

年，公司销售收益600万美元。此后，他的公司一直是全美发展最快的公司之一。迈克尔·戴尔也成了家喻户晓的"神奇小子"。1993年，戴尔公司的销售额突破20亿美元，公司股票成了华尔街投资者最抢手的高科技股之一。

如果目标是箭，那么企图心就是弓。弓拉得愈满，箭头就飞得愈远。因此，你的企图心有多大，你离成功就有多近。

如果你现在没有成功，没有财富，没有地位，无关紧要，只要你有企图心就已经足够。有了企图心，才能产生强烈的成功欲望，才会想方设法让自己努力去改变贫穷的命运。成功不是天上的馅饼，它不会自己掉下来！一个人有企图心，才能发挥潜能去拼搏，去改变现状。如果你有把企图心坚持到底的智慧和毅力，那么你站在金字塔的塔顶的时刻便指日可待。因此，不论对待工作还是生活，企图心越大，谋取目标就愈可能。

美国成功学大师安东尼·罗宾说："在赚钱这件事上，你觉得赚1万美元容易，还是10万美元容易?告诉你，是10万美元！为什么呢？如果你的目标是赚1万美元，那么你的打算不过是糊口罢了。而如果你将目标定为10万美元的话，你就有可能获得与10万美元相差不多的钱。"

第一批做房地产的人富了，第一批下海经商的人富了，第

一批买原始股的人也富了。他们之所以发了财，致了富，是因为他们有企图心去追求自己想要的东西，敢于在大多数人还在怀疑、还在犹豫的时候就采取了实际行动。他们走在了大多数人的前面，自然就抢占了较好的商机，以迅速的行动占领了市场，因此取得了别人无法取得的成绩。

美国心理学家迪安·斯曼特通过研究发现，企图心是人类行为的推动力，人类通过拥有企图心，可以有力量攫取更多的资源。成功只青睐于有胆识、有企图心的人！

"不想当元帅的士兵，不是好士兵。"这句话曾经鼓舞了无数的士兵浴血奋斗，梦想有朝一日当上拥有至高军权的元帅，威风凛凛地统领百万大兵。其实这句话同样适用于职场。在职场中，每一个员工都是老板统领下的士兵，在老板的带领下与竞争对手作战。如果你是一名员工，那么就要敢于梦想做一名元帅——做公司的领导阶层，而不是一直满足于做最底层的小职员。只有有了做领导的愿望，才能在工作中以此为目标不断奋进，以多出别人多倍的努力实现自己的目标。

世界首富比尔·盖茨曾经坦言："多数老板都喜欢绝对服从自己的部下，而我则喜欢有企图心的员工。我希望公司可以为他们提供一个发展的平台，让他们去做老板，这其实是共赢，因为

第二章 企图心 —— 凭什么你不能做老板

他们在立志做老板的同时，就已经开始努力工作了。"

有两个同学甲和乙，他们同一年毕业，进入同一家公司，做同一件工作，拿着同样的薪水。可是一年后，甲做了公司的部门经理，而乙仍然是个小职员。有一次公司聚餐，在酒酣之际，乙的同事向他开玩笑说："当初你和甲都一样，而现在他却爬得比你高了。"这话让乙心里很不是滋味，但是事实摆在眼前，他也无话可说，良久，他才惆怅地说："当初都是我的思想在作怪啊，我总是满足于现状，觉得有个饭碗就可以了，而甲却立志将来要做老板，于是他时刻向着这个目标奋进，努力工作，而我一直满足于现状，不思进取，他也就自然走到了我的前头。"

一个甘于平庸，一个不断进取。不同的理想，必然产生不同的结果。

人生在世，没有一劳永逸的事，不进则退。今天退了，我们知足常乐！明天退了，我们又知足常乐！后天我们又该往哪里退呢？也许后面就是悬崖峭壁无路可退了。

永不知足

在生活中,传统的观点告诫我们要知足,因为只有知足才能常乐。这种观点没有错,但是它只是劝诫我们要有一颗豁达平和的心,对世事不斤斤计较,对金钱、权力、地位不贪婪,这种心态代表了一种看透人生的积极乐观的精神,对人的身心是有很大益处的。

但是,在职场中我们是否也要知足常乐呢?职场如战场,竞争的残酷性不亚于一场敌我对垒的战争,不是你死就是我活。在这种环境中,如果你还是傻乎乎地知足常乐,那么,这无异于束手就擒,必然导致自己走向失败的下场。

所以,职场中的知足代表了一种停滞不前的消极思想,它让人们对已经取得的成绩欣欣然,忘乎所以,以致让过去的胜利蒙蔽了双眼,丧失了前进的动力,最终必然在职场中败下阵来。

世界球王贝利在一场比赛中又踢进一球,这已经是他足球

第二章 企图心 —— 凭什么你不能做老板

生涯中的第1000个进球了。球迷为他欢呼,队友为他庆贺。但是他并不是特别开心,有人问他为什么,贝利很严肃地说道:"当我小时候开始喜欢上足球的时候,我就在心中定下了自己的目标——我要在球场上踢进2000个球,但是到目前为止我才踢进一半,我觉得我离自己的目标还很远。"

永不满足也许就是成功者成功的最大秘诀。成功的动力来自不知足,来自时刻提高自己。要爬到梯子的顶端就不要总是回头,这样不但爬不到顶端,反而有中途退缩的危险。如果一个人对已经取得的成绩非常满足,那么他就丧失了前进的动力,变得裹足不前,而让自己停留在原有的地步,无法到达成功的顶峰。

假如你是一个政府机关的小职员,每天固定时间上下班,朝九晚五,虽然收入不多,但还可以解决吃饭问题,更重要的是工作稳定,不用担心随时下岗的危险,但是如果要买房和供子女上学就有很大的压力。如果你不满足这种拮据的生活状况,那么你就要想办法增加自己的收入,来解决生活中的难题。有了这种想法,你就有了强大的动力,让自己时刻为目标努力。相反,如果你满足于现状,总是想"只要能安稳地过一辈子就行了,要那么多钱干吗呢",那么恐怕你也无法保持现

状，因为外界的形势是时常变化的，货币可能贬值，物价可能上涨，意外的开销诸如生病、事故等费用随时都有可能发生。

所以，在职场中，我们只有时刻保持一颗进取之心才能让自己永远处于不败之地。要对自己永不满足，时刻记得天外有天，人外有人，要每天反问自己：我今天的工作还有什么地方可以更完美一些？我达到自己所要达到的目标了吗？我希望自己在一年内有什么样的发展？我对目前的现状感到很满意吗？如果每天你都能这样追问自己一番，那么这种"不知足"就会促使你时刻向好的方面前进，而不是一味满足于已经取得的成绩。

可以肯定，一个满足现状的人一辈子都很难做出大的成就来，平庸者之所以一生碌碌无为，往往就是因为不思进取的心态所致。一个总是满足于低级雇员，而从不敢想象自己也能升迁、也能做到较高的职位的人，几乎注定了他们要永远留在低级职位上。

我们要时刻向"第一"看齐，向"完美""最好"看齐，当你赚了1000元的时候，要想着如何才能赚到10000元；当你取得了第二名的时候，要时刻想着如何拿到第一名；当你做到部门经理位子的时候，要时刻想着如何获得公司经理的职位。

对自己永不知足意味着向成功更近一步。要时刻对自己提

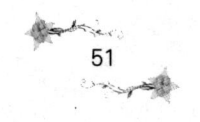

第二章　企图心 —— 凭什么你不能做老板

出挑战，如果你的稿子再加点东西将会更完美，这时，你就不要匆匆收笔；如果你的产品再添加点别的将会更受欢迎，那就一定要给它添上才肯罢休。挖地三尺尚未见水，只能说明挖得还不到位，要有继续向下挖的意识才行。永远别以为自己已经做得足够好，要知道优秀的人永远比天上的星星还多。当你取得一点成绩时，别忘了告诉自己：99%等于0。

汽车大王福特说："一个人若自以为有许多成就而止步不前，那么他的失败就在眼前。"在人生的道路上，最忌浅尝辄止、固步自封，因为事业本身充满了诸多艰难，干事业犹如逆水行舟，不进则退。如果总是满足于现状，不思进取，那么就很有可能永远无法到达成功的顶峰。

世界上最失败的人就是不思进取、知足常乐的人，因为一个人连梦想都没有，还会拥有什么？

不甘平庸，你也可以做老板

1897年，意大利经济学者帕累托调查发现，19世纪英国人的财富分配呈现一种不平衡的模式，大部分的社会财富，都流向了少数人手里。

帕累托从研究中归纳出这样一个结论：如果20%的人拥有80%的财富，那么就可以预测，10%的人将拥有约65%的财富，而50%的财富，是由5%的人所拥有的。

因此，80/20成了这种不平衡关系的简称，不管结果是否恰好是80/20，都说明了一个极其重要的社会现象，那就是，多数财富掌握在少数人手里，世界上80%的财富被20%的人占有。这就是著名的"二八定律"，也有的称为"帕累托法则、帕累托定律、80/20法则、80/20定律、二八法则、最省力法则、不平衡原则"等。

"二八定律"已经被世人承认，因为事实也是如此，从中

第二章 企图心 —— 凭什么你不能做老板

我们可以总结出这样一个结论：那些成功的20%的人之所以取得成功，是因为他们往往具有超出常人80%的精神——不甘平庸。他们不甘平庸，因此他们付出了多于常人80%的努力，他们也就成了那20%中的成功者。

1872年，威廉·奥斯拉从医科大学毕业，但是当时就业形势并不乐观，像他那样学医学专业的人，一年有好几千，在这样残酷的择业竞争中，想要争取到一个好的工作职位就像千军万马过独木桥，难上加难。

当时，没有一家著名的医院录用他，这使他陷入了迷茫的境地。

后来，他只能到一家效益不怎么好的医院去工作。但是不久，他就从最低层的实习医生晋升到了著名的科室主任，因为他工作非常出色，后来，他又创立了世界驰名的约翰·霍普金斯医学院。

在谈到当时他选择这家医院的原因时，威廉·奥斯拉说："成功并不在于外在的条件，而全在于这个人是否争取上进。如果一个人没有上进心，即使把他放在最好的单位里去，他也不会做出什么大的成就来。相反，如果一个人不甘平庸，有着

强烈的追求成功的渴望，那么即使把他放在最差的职位上，他也能做出一番大事来。"

　　人的能力有大小，但是只要不甘平庸，有奋发向上的竞争意识，那么每个人都有机会获得成功。事实上，每个公司都为那些积极进取并且努力工作的人提供了事业成功的机会。

　　有一个小男孩家境贫寒，从小便开始在外流浪。渐渐地，他跟一个每天都到街上卖气球的老人熟悉了。老人以在街上卖气球为生，每当生意不好的时候，他总要放飞一个气球，以此来激励自己，吸引顾客。

　　有一次，小男孩问他："黑色气球也会飞吗？"老人说："孩子，气球会不会飞，不在于它是什么颜色，而在于它心中是否有升腾之气！"小男孩听了老人的话，若有所思。后来，他结束流浪生涯，开始到作坊里面做工，很快，他就拥有了一技之长。若干年后，他自己开了一家小店，生意兴隆，他从此过上了富足的生活。

　　你的心中有升腾之气吗？还是只有丧气、叹气、窝囊气呢？生活中最大的悲剧，不是失败，也不是困难，而是甘于平庸的心态！

第二章 企图心——凭什么你不能做老板

其实，平庸和卓越只有一线之隔，关键就看你是否有向上的勇气，看你是想要自己的一生丰富多彩，还是碌碌无为。没有人一生下来便注定平凡，也没有人一生下来便注定卓越，不同的只是面对生活的态度。积极使人从平凡向卓越转变，消极让人从卓越向平庸转变。

有一项关于老板如何当上老板的调查，仅有二分之一的回答显示他们当初当上老板其实很偶然，后来时间长了，他们发现做老板远比给人打工好。同时，他们还对一些普通员工进行调查，当被问到你为什么不当老板时，几乎所有人都说他们一没本钱，二没机会，而且打工打久了，也就习惯了这种生活，慢慢地就不再想做老板、创业的事了。

有一个人，在他20岁时就定下了将来做老板的宏愿。接下来，他步入社会，发现要创业并不是件容易的事，而且他一没经验，二没有资金。于是他想，现在好好工作，等有了经验再创业吧。就这样转眼又到了30岁，他仍然在给人打工，他认为现在条件仍不成熟，而且现在他的职位升迁，待遇不错，他怕当了老板甚至还不如现在。就这样转眼又到了35岁，他想要再创业，已经没有机会了，因为他已经习惯了现在的生活。他害

怕承担风险，害怕失败，害怕没有退路，所以一生一事无成。

人往往是习惯的俘虏，当一个人习惯了某种生活时，往往就没有勇气去改变现状，而是抱着"既来之，则安之"的思想，即使他们对自己的状况并不满意，但是因为已经习惯了，也就产生了惰性。

其实，老板并非高不可攀，只要你有做老板的意识，就可以激励自己向这个方向奋斗，而不是一直停滞不前，满足现状，不思进取。

对待工作，一是不要轻视平凡；二是不要把平凡的工作做成平庸。不要满足于尚可的工作表现，要做最好的，你才能成为不可或缺的人物。

有的人在生活中受了一次打击，经历了一点风雨，就失魂落魄，一蹶不振，失去了奋斗的力量和信心，甘愿从此庸碌一生。其实，失败了没什么可怕，可怕的是你连尝试的勇气都没有，平庸地过一生。

想要拥有卓越人生，就必须首先抛弃甘于平庸的想法。不管你现在是个普普通通的员工，还是一个小有成就的老板，都需要有更上一层楼的勇气，有不甘平庸的决心，不甘平庸才能成就美好未来。

第二章 企图心——凭什么你不能做老板

坚定地朝着目标奋进

东汉将领马援曾为后人留下了这样一句豪言壮语:"丈夫为志,穷且益坚,老当益壮。"北宋文学家苏轼也说:"古之立大志者,不惟有超世之才,亦有坚忍不拔之志。"清朝著名学者王国维在他的《人间词话》里也有一处十分精彩的论述:"古之成大事业、大学问者,必经过三种境界:'昨夜西风凋碧树,独上高楼,望尽天涯路',此一境界也;'衣带渐宽终不悔,为伊消得人憔悴',此第二境界也;'众里寻她千百度,蓦然回首,那人却在灯火阑珊处',此第三境也。"这三句名言里都提到了一个共同的话题,那就是立大志成大事,想要成功必须先立下远大的志向。这里所说的志向也就是我们所说的目标。

古今成大事者,无一不是有着清晰的目标,并且始终坚持不懈地朝着目标迈进的。

目标，是我们前进的方向，一个没有目标的人就像迷失在沙漠中的旅者，找不到前面的路。而一个有着清晰目标的人，就会一直沿着这个目标向成功靠近。

敌人是士兵的目标，天空是大雁的目标，我们的职业生涯也要有目标。走在茫茫的职业荒漠中，找到你的职业北斗星，确定你职业的目标，才会有事业奋斗的方向。

挪威有一个女孩，她从小便喜爱绘画，但是贫寒的家境让她不得不放弃了这个理想，但是在内心深处，她一直不曾忘记这个目标。后来，年仅16岁的她就踏上了谋生的道路，她先后在几家公司做小职员，这种生活一直持续了近10年之久。这期间，她饱尝了人间的辛酸，也逐渐认识到这种生活不是她所想要的，更不是她所应该拥有的。于是，她确立了一个新的人生目标——当一名作家，书写自己的人生经历，把自己所经历的酸甜苦辣都写出来。从此，她把"做一名著名的作家"当成自己的目标，勇敢地朝这个方向迈进。于是，在紧张的工作之余，她发愤读书，充实自己的文学知识，而且每天坚持写作到深夜。就这样，她的辛苦劳作终于换来了胜利的果实——25岁那年，她的处女作终于问世了。紧接着，她又循着自己的目标

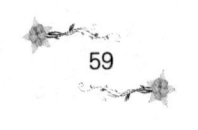

第二章　企图心 —— 凭什么你不能做老板

继续奋斗，笔耕不辍。不久，她又完成了《克丽丝汀·拉弗朗斯达特》这部巨著。立刻在当时的社会产生了巨大的反响，也使得她获得了1928年的诺贝尔文学奖。这个女孩就是温赛特。

在后来的回忆录中，谈到自己当时是如何有勇气把作家当成自己的目标时，她这样说道："也许，当时这个目标让人感到太不现实，但是我认为再高的目标只要有信心就会实现，关键看你是否把这个目标当成毕生的追求。"

商业巨子J.C.突尼说过这样一句话："一个心中有目标的普通职员，有可能成为创造历史的人物；一个心中没有目标的人，只能是个普通的职员。"

判断一个人能否成功的关键就是看他是否已经有了清晰的目标。目标能够规范人生，照亮人生，是人生成功之第一要义。确立目标，是人生设计的第一乐章。目标之于事业，具有举足轻重的作用，它为我们指引人生路上的航向，使我们对未来有着明确而具体的奋斗方向。

洛杉矶郊区有个男孩，他在年仅15岁时拟了一个题为《一生的志愿》的表格，上面写道：

"登上珠穆朗玛峰；到金字塔、亚马逊河和刚果河探险；

驾驭大象、骆驼、鸵鸟和野马；探访马可·波罗和亚历山大一世走过的路；主演一部自己感兴趣的电影；驾驶飞行器起飞降落；读完莎士比亚、柏拉图和亚里士多德的著作；谱一部乐谱；写一本书；游览全世界的每一个国家；结婚生孩子；参观月球……"

他把每一项编了号，共有127个目标。

之后，他便开始循序渐进地按照表格上的目标行动。

从16岁开始，他便和父亲到佐治亚州的奥克费诺基大沼泽和佛罗里达州的埃弗洛莱兹探险。

之后，他一直按照表格中的每一项来实现自己一生的目标。到49岁时，他完成了127个目标中的106个。当时这个行动震惊了整个世界，也让世界认识了这个美国人——约翰·戈达德，他获得了一个探险家所能享有的一切荣誉。但是这中间他所遇到的困难也是很多人无法想象的，但是在面临每一次困难时，他都没有产生过一点退缩的念头。相反，每一次的艰难困苦都磨炼了他的意志，让他有了更坚强的信心去实现自己的目标。

我们在工作中也要有远大的目标才有可能取得事业的成功，一个把目标定位为解决温饱问题或者混口饭吃的人，是永

远干不出什么大事来的。"燕雀安知鸿鹄之志",人生的成败与否并不在于某些被我们认为优越的条件,而是在于我们是否胸怀理想,在于我们是想要做燕雀,还是鸿鹄。

有一个人一直想做一名出色的外科大夫,从大学开始,他便努力学习,坚持朝着这个目标奋进。5年之后,他以优异的成绩拿到医学院的毕业证书,随后,为了学到更加专业的知识,他考取了医学院的研究生。此时,他的前途可谓一片光明,许多人都说,他毕业后肯定能进一所知名医院当医生,他也对自己的前途抱着很大的希望。可是,有一天,他偶然听到同学们都在议论未来的医生职业如何不好的话题,顿时,他开始怀疑自己长久以来的奋斗目标是否正确。但是,此时,他也不可能再换其他的专业了,于是在找工作时他就很不情愿地进了一家医院去实习。由于对这个目标已经产生了动摇,他在工作中很不用心,而且,此时他开始向金融这个目标前进——他要报考金融博士。但是由于专业基础不扎实,他最终落榜。直到此时,他才恍然大悟,发现自己由于目标不坚定,已经浪费了两年的光阴。而那些当时同他一起毕业的同学,已经有很多人在本职工作中做出了不错的成绩。此时,他懊悔不已,后悔自己

没有坚持自己的目标。

有了奋斗的目标,还要有坚定的信心,才有希望取得最终的胜利。在职业生涯中,我们可能会遇到狂风,可能会遇到暴雨,只要有了方向,就有了坚定的信心,就有了奋斗的热情,就会找到成功的捷径,就会最快达成心愿。一个目标不坚定的人总是随着他人的思路左右摇摆,无法坚持自己的主见。这样的人常常会前功尽弃,而始终无法走出一条成功的路。

第二章　企图心 —— 凭什么你不能做老板

相信自己是千里马

千里马常有,而伯乐不常有。很多在职场中的人常常如此抱怨,他们说自己怀才不遇,没有遇到发现自己的伯乐。其实,一开始他们就没有把自己当成千里马。如果你自信是匹千里马,那么就不会只是抱怨外在的因素,而会时刻对自己充满信心,相信自己能够遇到赏识自己的伯乐,从而一举成功。

希尔顿说过:"你自己做的模子有多大,你所能发展的价值就有多大。"成功与否很大程度上取决于你对自己的信心有多大。你相信你行,你就行;你觉得你不行,你就肯定不行。很多人一事无成,就是由于他们低估了自己的能力,妄自菲薄,以至于成就也缩小了。一块价值5元的生铁铸成马蹄后,可以值10.5元;若制成工业上的磁铁之类,价值可达3000多元;倘若制成手表发条以后,身价即跳跃至25万元之多。你,也是如此。

只有那些相信自己、对自己充满信心的人，才有可能赢得机会与成功。

有个叫迪斯累利的男孩生来便是个奴隶，但是他从不认为自己这一生都是奴隶，他坚信自己可以战胜一切困难，摆脱奴隶的身份。作为犹太人的子孙，他的身上继承了犹太人那种顽强不屈、自信勇敢的秉性。

从此他开始了坚持不懈地努力，但是整个世界好像都在跟他作对。在困境面前，他在心底默默地告诉自己："别人能做到的，我照样也能做到。"最后，他凭借自己的实力从社会的最底层跨入了中产阶级的行列，接下来他又继续努力，进入上流社会，直到最后登上了权力金字塔的顶峰——成为英国首相。

这个当初在所有人眼里根本没有任何机会出人头地的小男孩，却出人意料地摆脱了自己卑微的命运，一举成为主宰整个英国政治沉浮的大人物。是什么力量促使他走向成功的？是什么神灵在冥冥中帮助他实现了自己的愿望？没有什么神灵帮助他，只有他自己、他的信心帮助他实现目标——"别人能做到的，我也能做到"。

每个人生下来都是一样的，你不比别人缺少任何一样东

第二章 企图心 —— 凭什么你不能做老板

西,你有一个健全的头脑,有一双可以劳动的手,可是为什么之后的路却大相径庭呢?不是上帝没有帮我们,而是我们自己放弃了心中的希望。

要成功就一定要在心中相信自己,相信自己有能力战胜一切艰难困苦,敢于面对强敌,我们生来不是为了失败而活着,我们不是任人鞭打的羔羊,我们要做猛狼,而不是软弱的羔羊。我们要主宰自己的命运,靠自己的双手打造成功的人生,而不要听天由命。相信自己就是绝不向失败低头,在我们的字典里没有放弃,没有失败,没有退缩,唯有前进,唯有成功。

有一位小职员,在一次工作中出现了重大失误,老板很严厉地批评了他,但并没有将他辞退,不过强调他以后不能再出错。这个人牢记老板的话,在此后的工作中认真了很多,但鉴于上次的教训,他总是不能放开大胆地去做,而是时刻想着如果做不好老板又会怎么批评他。一想到老板生气的样子,他就会莫名地恐惧,致使后来患上了严重的失眠症,在又一次的犯错后,老板就毅然辞退了他。

显然,这个人患上了"自卑症"。因为一次的失误就对自己失去了信心,不相信自己的能力,自然就很难在竞争激烈的

职场中生存下去。

《福布斯》杂志的总编大卫·梅克对待下属总是一副冷冰冰的模样，很多次他在大家努力工作的时候，叫人传出话来："等下一期开始的时候，你们当中一定有一个人会被解雇。"搞得人人自危。

有名员工听到了这句话，一连几天身心不宁，他想到平时老板对自己不冷不热的态度，实在担心被解雇，这让他无法正常工作，最后他实在忍不住就直接跑去问大卫·梅克："请问您要解雇的是不是我？"大卫·梅克被问得不知所措，好久他才反应过来，于是慢悠悠地说："本来我还没想好是谁，不过，既然你提醒了我，那么就是你了。"于是，那名员工被当场炒了鱿鱼。

对自己不自信，又如何让别人信任你呢？一个没有自信的人想要在职场中做出一番事业，显然是不可能的。

在职场中，一些人总是觉得自己一无是处，没有能力，没有经验，处处觉得自己价值渺小，因而不敢承担重大的任务，也因此丧失了许多晋升、发展的机会。其实，每一个人都应该先相信自己，然后才能让别人相信你。一个连自己都不敢相信

的人，何谈让老板相信呢？你没有信心做好自己的工作，自然老板也就不会将重大任务交给你，时间一长，你也就成了公司里微不足道的人，至此，还谈何事业的发展与成功呢？

前微软全球副总裁李开复在苹果公司工作的时候，有一天老板突然问他什么时候可以接替老板的工作。他非常吃惊，尽管当时他在公司里出类拔萃，但是他还是觉得自己离做老板的距离还有很远。于是他当即表示自己缺乏管理经验和能力，恐怕难以胜任。老板听了之后显出十分失望的样子，说："你连这个信心都没有，又如何让别人信任你呢？其实，你的专业技能已经很优秀，至于你说的经验和能力是完全可以培养的，如果你能满怀信心地向着这个目标去做的话，相信你能够在两年之后做到。"

老板这一番话让李开复大为震撼，从此，他开始有意识地加强这些方面的学习和实践。果然，两年之后他真的接替了老板的工作。

中国的传统文化教育我们要谦虚，要知道天外有天。正是这种谦虚阻碍了我们前进的步伐，使我们不敢相信自己，不敢展示自己，总认为自己低人一等。其实，很多时候，我们已经

很优秀,足以承担重大的任务,做出更大的成就,但是这种不自信的心理让我们对前面的路望而却步。所以,要相信自己,而不是自暴自弃。

"安分守己"没有出息

俄国诗人莱蒙托夫在一首诗中这样写道:"下面流淌着清澈的海水,上面洒满金色的阳光。不安分的帆却祈求着风暴,仿佛风暴里才有宁静之邦。"

一个想出人头地、想做大事的人必须让自己拥有一颗"不安分"的心,时刻让自己具有向高山攀登的欲望,向大海遨游的雄心,这样当机会来临时才能紧紧抓住机遇的手,走向成功。

2001年,新浪管理层发生变动,王志东的职业生涯几乎走到了悬崖峭壁。当时,35岁的王志东已经被好几家公司盯上,他们纷纷找他合作创业。其中不仅有国内知名企业,更有跨国公司,但是最终他都谢绝了。因为他的心中一直有一个强大的理想,他一心想做实业,想开创自己的事业。此时的王志东无疑是一个"不安分"的人,如果与别人合伙,面临的风险将会小得多,但是他没有这样选择,雄心万丈的王志东更想做自己

的事。

"很多人认为在中国做软件是没有什么前途可言的,但是我不相信。我的中文平台累计装机已经超过了千万用户量,新浪的服务业有3000多万用户。我之所以仍然做软件,是因为软件的固定成本大,但是复制的成本却很小,我相信未来的软件就像印钞机一样便捷。"王志东怀揣着这种强大的成功欲望和被外人看来几乎不可能实现的野心上路了。

说干就干,王志东同时也是个不折不扣的实干家。紧接着,他就创办了自己的网站,名叫"GO TO 2008",他希望自己的事业能够如2008年奥运会一样红火。

创业不久,王志东就获得了巨大的回报,他的注册资金已经达到了500万元,整整是最初注册资金的10倍。

成功后的王志东回忆当初自己创业的过程时,总是感慨万千地说:"如果当初安分守己,今天真的不会有这些成绩。"

从职业经理人到创业者,需要的不只是能力,更多的还是一颗"不安分"的心。

比尔·盖茨说:"如果一生只求平稳,从不放开自己去追逐更高的目标,从不展翅高飞,那么人生便失去了意义。"要

第二章　企图心 —— 凭什么你不能做老板

想成为老板，那么就永远不要安于现状，因为不满现状、奋发向上是成为老板的前提。

被誉为"华尔街的神经中枢"、美国19世纪70年代至20世纪叱咤风云的大金融家、国际金融界"领导中的领导者"的摩根，年轻时就是一个不安分的人。

摩根生活在传统的商人家族中，从小便受到浓厚的商业熏陶，这使摩根从小便具有了敢想敢做的商业冒险和投机精神。

摩根大学毕业后进入了邓肯商行工作，时间一长，他便感到工作枯燥乏味，一颗不安分之心在骚动，他时时在寻找机会开创自己的事业。一次，他去古巴哈瓦那为商行采购鱼虾等海鲜，在回来的路上经过新奥尔良码头时，他遇到一位陌生人。或许是摩根命中注定会有贵人相助，那位陌生人看摩根像是个生意人，便走过去自我介绍说："我是一艘巴西货船船长，我千里迢迢为一位美国商人运来一船咖啡，可是没想到货到了，那位美国商人却破产了。就这样我不得不将这船咖啡抛锚在此。现在我急于寻找一位买主，您如果能买下，等于帮了我一个大忙，我情愿半价卖给你。但有一条，必须现金交易。"

摩根听后，觉得机会来了。他查看了这批咖啡，成色很好，他

想这船咖啡一定可以大赚一笔。于是,他毫不犹豫地决定以邓肯商行的名义买下这船咖啡。但是当他兴致勃勃地给邓肯发去电报时,邓肯的回电却是:"不准擅用公司名义!"摩根很无奈,他只好求助于在伦敦的父亲。父亲回电说允许他用自己伦敦公司的户头,偿还挪用邓肯商行的欠款。摩根非常激动,于是索性放手大干一番,在巴西船长的引荐下,他又买下了其他船上的咖啡。年轻的摩根闪电般做下如此一桩大买卖,不能不被人们认为是冒险。但是,事实证明摩根的做法没有错,就在他买下这批咖啡不久,巴西便出现了严寒天气,使咖啡大为减产,咖啡价格暴涨,摩根狠狠地赚了一大笔。

后来,美国南北战争开始。在这个动乱的时代他又一次寻到了商机。一天,摩根与一位华尔街投资经纪人的儿子克查姆闲聊。突然,克查姆说:"我父亲最近在华盛顿打听到,北军伤亡惨重,政府军战败,黄金价格肯定会暴涨。"摩根一听便觉得商机来了,他盘算了这笔生意的风险程度,便开始了秘密收购黄金的计划。果然,当他们收购到足量的黄金时,社会立刻形成抢购黄金风潮,金价飞涨。摩根瞅准火候已到,迅速抛

第二章 企图心 —— 凭什么你不能做老板

售了手中所有的黄金。结果,他一夜暴富,这些黄金使他一下子获得了16万美元的纯利润。之后,摩根利用获得的军事机密做了许多投机生意,使他一下子成了美国的大富豪。

"不安分"的心是一个人走向成功的先决条件,"不安分"代表了一种对成功的强烈渴求,它像一个饥渴的人对水那样充满渴望。大凡成功的人往往都有这样一种精神——不"安分守己",时刻想着向更高的目标迈进,他们敢赌敢拼,不满足于现状,总是梦想摘到更丰硕的成果。在他们眼里,成功就是一场赌博,是一场安分与不安分的较量。

成为不可缺少的"红人"

职场竞争激烈,每一个员工都随时有被解雇的危险,要想永远不被老板所淘汰,只有让自己成为公司里不可或缺的"红人"。

《财富》杂志曾做过一项关于工作的调查,在失业的美国人中,令多数人感到沮丧和惆怅的不是自己失去了某个工作,而是那种因失业而产生的自己毫无用处的感觉。

美国的社会福利和事业保障也许是全球做得最好的,失业的人根本无须担心自己的生活保障问题,而且失业者从政府那里得到的钱也许比工作的人还要多,但是他们感到沮丧,因为自己成了一个没有用处的人。这种失落感是他们沮丧的根本原因。

能够工作,并从工作中体会创造的快乐,这是作为一个人实现自己价值的最好途径。而一个不能工作或者工作不被承认的人往往是最痛苦的人,因为他们缺少一种令自己感觉自豪的成就感。

第二章　企图心 —— 凭什么你不能做老板

蚂蚁向来是勤奋的最好代表，它们一天到晚都很少停下忙碌的脚步，可以说蚂蚁的一生都是在不停地忙碌中度过的。除非是下雨天，蚂蚁才会允许自己休息一下，除此之外的时间里蚂蚁都在重复着相同的工作而从不懈怠。可是有一个科学研究发现，勤奋的蚂蚁群里还隐藏着许多什么都不干的懒蚂蚁。它们整天东张西望，并不像大多数蚂蚁一样辛苦地搬运食物，反倒是那些辛勤的蚂蚁弄来食物让它们白白享用。为什么勤劳的蚂蚁心甘情愿养活这些什么都不干的懒蚂蚁呢？

为了解开这个谜团，日本北海道大学农学研究生院的进化生物研究小组开展了一项研究，他们对三个分别由30只蚂蚁组成的日本黑蚁群的活动进行了观察。生物学家在这些"懒蚂蚁"身上做了标记，并且断绝了蚂蚁的食物来源。他们发现，无论蚂蚁多少，一群蚂蚁中总有10%～20%是不干活的懒蚂蚁。当别的蚂蚁都在辛勤地搬运食物时，这些懒蚂蚁却什么都不做，只是在一边东张西望。后来，当生物学家把这些懒蚂蚁拿走时，奇怪的事情出现了：刚才那些勤劳工作的蚂蚁都一下子慌乱起来，它们立刻停止了工作，乱作一团。后来，生物学家

又将这些懒蚂蚁放回去时,整个蚁群才恢复正常的秩序。

同时,当食物来源减少或者蚂蚁窝遭到毁坏时,勤蚂蚁顿时一筹莫展,而"懒蚂蚁"则"挺身而出",带领蚂蚁群来到它早已侦察好的新的食物来源地和新的居住场所。蚂蚁的生存得以继续,勤蚂蚁又开始了辛勤的劳作。

从这个实验我们可以看出,在一群蚂蚁中,哪种蚂蚁的地位更重要?很显然是懒蚂蚁。它们无所事事,但是它们却有领导其他蚂蚁的本领,在危难时刻能带领其他蚂蚁摆脱困境,这种地位显然无比重要,这就是它们的生存之道。

其实,不仅是蚂蚁群里如此,在一个企业里,这个道理同样适用。我们都知道,几乎每个企业都有一些"懒人"存在,但是他们却有着相当高的地位和薪水,为什么?因为这些人大多是研究市场走向的人,他们研究市场,带领企业开辟产品的销路,是整个企业命运的所在。这些员工平时比其他员工都要悠闲得多,他们不需要整天伏案工作,他们只要注意一下市场动态,并且动一下脑筋就完全可以了。他们能够为企业带来利润,自然老板也就愿意为其开出较高的薪水。

巴尔塔莎·葛拉西安曾经在《智慧书》中写道:"在生活和工作中要不断完善自己,使自己变得不可替代。要让别人

第二章 企图心——凭什么你不能做老板

知道离开你便无法正常运转。这样你的地位自然就会大大提高。"在一个企业中，要想让自己变得重要，变得不可或缺，就要从各方面努力增强自己的实力，让老板在需要人手的时候，能够第一个就想到你，而不是在安排重要任务时，将你排除出去。如果你能时常为老板扛大梁，那么，久而久之，你一定会让老板觉得公司无法离开你，这样你的地位自然就会提高。同时，也要注意与老板保持不远不近的距离，让老板信任你，成为他的臂膀，在遇到需要解决的问题时，能够积极主动地帮助他排忧解难，这样一来，老板自然也就对你赞赏有加。

一个人不可能事事精通，但是只要你具有某一方面的突出价值，那么，对于公司而言，你就是一个不可替代的人。也许你并不突出，也许你只是公司里那个地位最低的人，但是，如果你力图改变自己，开始锻炼自己各方面的能力，那么，一段时间以后，随着自己的逐渐成熟，你一定可以成为老板眼中不可或缺的"红人"。

因此，在工作中，你必须注意培养自己的核心竞争力，拥有别人不具备的某种专业能力或特长，这样才会让老板另眼相待。

想要让老板重视，以下的法则对你大有裨益：

（1）提高自己的专业技能，成为本专业的精英人物。

（2）锻炼自己各方面的能力，时刻帮助老板排忧解难。

（3）保持高效工作，尽量为公司创造更多的利润。

（4）如果老板是一个喜欢听建议的人，你的切实、中肯的报告可以得到老板的欣赏。

永远多做一点

"一分耕耘，一分收获。"事实上并非如此，很多时候事情的结果并不是如此公平对等的，它常常是"一分耕耘，零分收获。十分耕耘，九分收获"。

因此，我们要想多得一点，就要让自己多付出一点。你希望自己得到一分收获，就要"两分耕耘"；你想要自己得到十分收获，就要"十一分耕耘"，你只有永远多付出一分，多做一点，才能达到自己的目标。反之，如果不能多做一点，你就不可能处于领先他人的位置。

老子说："合抱之木，生于毫末；九层之台，起于累土；千里之行，始于足下。"什么事都不是一下子便成功的，而是一点一滴积累起来的，也就是说，如果能够坚持每天多做一点，那么你就能离成功更近一步。

一个事业成功的大企业家用一句话总结自己成功的经验：

"多做一点。"这句话无疑是众多成功者的秘诀。

在同一个公司里,许多人做着与你同样的事,你如何才能在多数人中脱颖而出呢?方法只有一个,那就是永远多做一点。一天多做一件产品,一个月就多做30件,这其中的差别是巨大的。

著名投资专家约翰·坦普尔顿通过研究,总结出一条重要定律:多一盎司定律。这个定律表明,取得突出成就的人与取得中等成就的人之间最大的差别就是——"多一盎司",一盎司只相当于十六分之一磅,但在这看似微不足道的一点点区别里,却可能使得两人之间出现天壤之别的结果:一个成功,而另一个失败。

在工作中多一盎司,多做一点,你的成绩就会因此领先一步,你就有可能成为卓越的员工。

多做一点体现了一个人工作的主动性、积极性,这是一个老板喜欢的工作品质。当你每天主动地完成了自己的工作,并且多做了一点时,你在老板心中的印象就会每天高大一些。相反,如果你每天少做一点,哪怕少做一个极小的零件,也会给老板留下你是一个工作不主动不积极的人的印象,从此,你在老板心中的地位也就慢慢降低了。

阿尔波特·哈伯德在《每天多做一点》一书中举了这样一

第二章　企图心 —— 凭什么你不能做老板

个例子：

卡洛·道尼斯先生最初为杜兰特工作时，职务很低，现在已成为杜兰特先生的左膀右臂，担任其下属一家公司的总裁。他之所以能如此快速地升迁，秘密就在于"每天多干一点"。

我曾经拜访道尼斯先生，并且询问其成功的诀窍。他平静而简短地道出了个中原由：

在为杜兰特先生工作之初，我就注意到，每天下班后，所有的人都回家了，杜兰特先生仍然会留在办公室里继续工作到很晚。因此，我决定下班后也留在办公室里。是的，的确没有人要求我这样做，但我认为自己应该留下来，在需要时为杜兰特先生提供一些帮助。

杜兰特先生经常找文件、打印材料，最初这些工作都是他自己亲自来做。很快，他就发现我随时在等待他的召唤，并且逐渐养成了招呼我的习惯……

卡洛·道尼斯只是每天晚下班一点，每天在公司多做了一点，但是就是因为这一点，使他成为老板的得力干将，那么可想而知，他必然受到老板的重用。

做的事情越多，得到的经验就越多，而能力自然也就会得到提高。因此，多做一点是实现目标的重要途径。可是有很多人却以为，公司不是自己的，我做多做少一个样，只要把老板布置的任务完成就行了，我又何必让自己多做呢？多做了老板也不会多给我一分钱。诚然，在你刚开始多做了一点时，老板不会马上给你加薪涨工资，但是你的形象却在他心中美好起来，地位重要起来，当时机成熟，自然老板会给你以补偿。

一个公司的发展过程，其实也是个人发展的过程。永远要将多做一点视为对自己锻炼的好事，不要总是以"这不是我分内的工作"为由来推卸额外的工作，要知道，当额外的工作分配到你头上时，不妨视之为一种机遇。

多做一点，永远比别人多做一点，每天多做一点，看似微不足道的一点，实际上它的作用却极其巨大，这是一种备受欣赏的职场精神。许多人从平凡走向成功，无不跟"多做一点"有很大的关系。

"多做一点"代表了一种积极的工作态度，无论你是管理者，还是普通职员，它都可以成为你成功的砝码，使你得到老板的认可和信赖，从而让你获得更多的机会，那么你的职业生涯也将更加亮丽多彩。

第三章
情商——锻炼职场交际能力

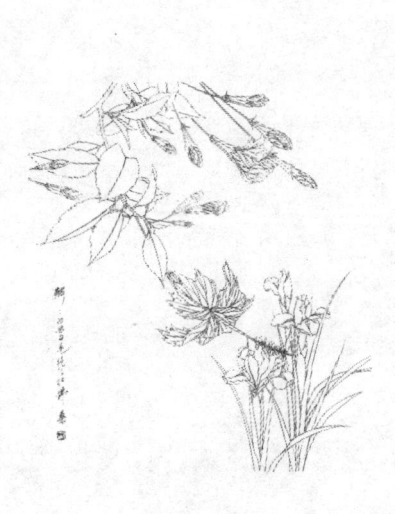

第三章 情商——锻炼职场交际能力

不要让坏情绪影响工作

有这样一个很有意思的故事，它生动地说明了坏情绪带给人的消极影响：

有一位公司经理，早上起床时发现上班时间已过，便匆忙开车往公司奔。由于正是上班高峰，人多车堵，结果原本1个小时的路程却用了两个小时，他气愤至极，可偏偏他又闯了红灯，被警察开了罚单。

一路上，他极度郁闷。到了办公室，看见照明灯全开着，他的火不打一处来，急忙喊来负责开灯的小王，责问他为什么要打开，小王说因为阴天大家感觉屋内光线太暗。这位经理当场就对小王还有正在工作的员工大发脾气，说了一些开灯费电、阴天无需开灯之类的话。

开个灯竟然引来他的一顿臭骂，这实在让人感觉莫名其

妙，再说阴天屋内光线暗是事实。就算是开了，也不至于对大家发这么大火，何况是刚开没有多久，如果浪费电的话也只是半个小时的事。大家都感觉极度郁闷，又因为"人在屋檐下，不得不低头"，这一天大家都忍着气工作，公司气氛明显冷了很多。

　　最郁闷的应该是小王，他负责灯的开关，却落个里外不是人。心情糟糕的小王找到那个最早要求开灯的小李，责怪他为什么要开灯。小李感觉开灯并非他一个人的意思，当时大家都说要开，郁闷的小李被气得无法忍受，便找来公司职位最低的秘书对她一顿臭骂。秘书感觉刚才自己并没有参与开灯事件，有何理由向我撒气呢？郁闷的秘书越想越感觉委屈，晚上回到家，看到丈夫便无故发起火来，丈夫心想"我哪惹你了，这么对我"，他越想越气，于是两个人便吵起架来，后来又打起来。之后，丈夫愤愤地回到自己的书房，见到家里那只狗正睡在地上，他一时怒由心生，飞起一脚把狗踢到了墙角。最后，这位秘书跑出家门一夜未归。第二天，她没有去上班，因为她觉得这种坏心情会让她无心工作。

第三章　情商 —— 锻炼职场交际能力

当这位秘书向经理请假的时候，经理才清楚是昨天自己的坏情绪影响了这么多员工的心情，也给自己的工作和别人的家庭造成了一定的影响。

这样的例子在我们的职场中并不鲜见，很多老板或者领导在别处受了气时总是喜欢责骂自己的下属，而从不会控制自己的情绪。这样的老板或许是无心，或者是本性暴躁，但是作为下属在受了这种不白之气时，总是会或多或少地影响到工作，因为没有一个人能在坏心情中高效率地工作。同时，作为下属在受了上司的指责，特别是为与自己毫不相干的事受到指责时，往往会产生一种委屈和压抑的心境，这种坏情绪是一个公司的极大内患。

巴尔塔萨·葛拉西安说："首先控制你自己，然后你才能控制别人。"控制自我的情绪不是一件非常容易的事，每个人都有不同的思维，也就有不同的情绪产生，当气愤当头时，很少有人能控制自己的情绪，有的人放声大哭，有的人破口大骂，有的人动手打人，有的人操刀杀人……对于外界的刺激，除非刻意修炼过的人才能控制自己的情绪，忍住一时之气，不动怒，不发火，反而平静地对待，或者以笑脸相迎。

其实，要使自己成为一个能够控制自己情绪的人也不难，

只要在每次动怒时，能够这样想："我生气就是让自己不舒服，何必呢？这样反倒让对方得了逞——他的目的就是为了激怒我。"如此一来，你就会努力控制住自己，而平复心结了。

任何人都要学会控制自己的坏情绪，不要让坏情绪破坏自己和他人的工作和生活，无法控制自己的人，将永远无法控制别人。一个人一旦失去了自制力，就会轻易被人击败，这是一条铁的定律。学会控制自己就是要学会积极地化解不良情绪，你可以找个朋友向他倾诉苦水，或者找个地方放声大吼，尽量排解心中的怒气，然后告诉自己该集中精力工作了，不要跟那些向你发火的人一般见识，忘掉他们，记得对自己而言最重要的事情是什么，这样一来，你就会让自己的心情时刻保持平静，避免受到外部环境的影响。

美国石油大王洛克菲勒是个善于控制自己情绪的人，他不仅自己很少生气，而且还会利用别人的情绪达到自己的目的。

一次，在法庭上，一位律师拿出一封信，严肃地问洛克菲勒："你收到我寄给你的信了吗？"

"收到了。"洛克菲勒回答。

"你回信了吗？"

"没有。"洛克菲勒微笑地回答。

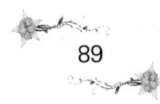

接着律师一封一封地相继拿出了十几封信，一一询问洛克菲勒，而洛克菲勒也以相同的口吻一一回答。

然后，法官转过头来问他："你真的确定已经收到信了吗？"

"是的，法官，我十分确定。"洛克菲勒依然镇静地回答。

最后，律师终于忍不住面红耳赤地怒吼道："你为什么不回信，难道你不认识我吗？"

"我当然认识你啊！"洛克菲勒依然微笑地回答。

这个时候律师再也压抑不住自己的怒气，他暴跳如雷地对洛克菲勒一顿臭骂，而此时洛克菲勒依然不动声色地镇静自若。

最后，法官宣布洛克菲勒胜诉。律师因为情绪失控乱了章法，他已经无法再辩论下去了。

黑泽明曾说："情绪失控的人，不能对事物有更全面、更准确的认识，也不能理智地面对生活中的种种考验。要想掌握自己的命运，赢得成功人生，一定要学会控制自己的情绪。"

不仅一个员工应该学会控制自己的情绪，一个身在高位的管理者更不应被自己的不良情绪所左右。因为作为一个老板或者一个在行业里达到高峰的人，练不好控制"情绪"这个基本功，承担的责任与后果就要更大。历史上就有很多因为"冲冠

一怒"而造成的悲剧，他们无一不是我们最好的参照。越是在高层的人，越是要学会自控，因为失控的情绪往往使人失去理智，乱了阵脚，导致事业上的失败，甚至是自我毁灭。因此，如果你没法掌握自己的情绪，令所有的员工产生反感情绪而导致公司发展缓慢还是小事，更严重的是，还有可能破坏企业和个人的信誉，影响公司的前途，甚或直接导致公司陷于动荡之中。

第三章　情商 —— 锻炼职场交际能力

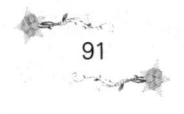

不做孤胆英雄

人们常说，多个朋友多条路，朋友多了路好走。这就是说好人缘是事业成功的重要因素之一。

在职场中多结交些朋友对自己的发展是有很大益处的。一个人的成功离不开周围朋友的辅佐和帮助，单枪匹马、单打独斗的人往往会在这个社会中摔跟头。多结交些朋友，多学习些与人交往的技巧，就能多几个朋友，多一些资源和机会。

较早地取得成功的人往往是交际的能手，他们人缘大多很好，跟什么性格的人都能谈得来，每当困难来临时都有朋友来帮忙，所以他们的事业发展得都很顺利。而那些不善交际的人在工作中则处处碰壁，即使有难处时也很少有人来帮忙。他们就像装在套子里的人一样，把自己严严实实地包裹起来，将自己与外界隔绝，这样的人很难受到周围人的欢迎，自然也难有好人缘。

一个篱笆三个桩，一个好汉三个帮。三人行必有我师。任何人的成功都离不开其他人的相助。我们应尽量参与到集体当中，与更多的人交往和接触，不断学习别人的优点，获取精神食粮。与众多的人交往才能不断获得更多更广的知识，才能增强自己的能力。增加自己的知识，提高自身才能的最好办法就是与具有伟大人格品质的人交往。

一个人即使再有学识，只要不与周围的人一同生活和往来，没有朋友，不帮助别人，不关心别人，那他的生命只能是孤独、冷漠和毫无乐趣的。同时，他也无法获得他人的帮助，无法使事业更进一步。

朱熹认为，结交朋友，并不是为了找玩伴，而是为了在奋斗的道路上相互搀扶。司马光也说：朋友"应有切磋"。朋友间应该相互真情切磋，共同学习，共同进步。

人在职场上行走，难免跟各种人打交道，这个时候处理好人际关系对自己的发展就至关重要。人际关系是一种十分微妙的东西，它已经渗透到社会的各个角落，直接关系到个人的成败问题。此时，有一个完善的关系网就决定了你能否成为最后的赢家！

在事业的道路上，不要做孤胆英雄，要多结交朋友，拥有

第三章　情商——锻炼职场交际能力

良好的人际关系。人在职场，应该时时协调好自己与他人的关系，这包括你与领导、同事和客户之间的关系。一个成熟的职场人能够在人际关系复杂的圈子中找到自己的位置，成熟地处理好与不同人之间的关系。

良好的人际关系就像润滑剂，如果缺少润滑剂，在职场中就难免遇到这样那样的阻力。此时，如果单靠一个人的力量往往很难渡过难关。而如果有了这种润滑剂，就可以在遇到阻力时得到支持和帮助，最终战胜困难，取得成功。

一个人取得事业上的成功，80%在于有一个良好的人际关系。人是群居动物，需要与人共处，那么他的成功就不是一个人所能实现的，而是需要多数人的支持和帮助。"人脉即财脉。"

很多人认为比尔·盖茨成为世界首富的原因是他很聪明，智商很高。其实他的成功不单单是他个人的努力使然，其中还有他人的帮助，他的人脉资源相当丰富。

比尔·盖茨20岁时就已经签到了第一份合约，是跟当时全世界第一流的电脑公司——IBM签的。当时，他还是个学生，没有什么人脉资源。那么他是如何钓到这么大一条"鱼"的呢？比尔·盖茨动员了他的人际关系。当时他的母亲是IBM的董事

会董事，母亲介绍比尔·盖茨与董事长认识，于是这份合约就很顺利地签了下来。如果不是他善于利用关系，也许就不会有今天的成就。

我们应该结交各路朋友，但是在交友的过程中也应有所选择，不能只求数量上的多，还要讲求质量，也就是说我们更应该同那些各方面比自己优秀的人交往，这样就能从他们身上学到很多有用的东西，丰富自己的学识、人格、道德。人际交往所带来的力量是巨大的，无论是其产生的激励作用，还是创造力和破坏力，都是巨大的。因此，与你交往的人会影响到你的性格和品行。如果你与性格高尚的人在一起，你就会让自己的灵魂得到升华。如果你与成功的人在一起，你也就能向成功靠近。如果你与弱者接触，那你的精神状态和工作能力就会受到不良影响，使自己的意志也随之堕落。因此，我们应该跟那些道德高尚的人、能力突出的人交往，而不是跟那些品行败坏、平庸无能的人交往。有的人认为与比自己强大的人交往会有心理压力，觉得自己低别人一等。这种想法是错误的，这是一种极端偏激的嫉妒心理，它是人们交往的严重障碍，对一个人的事业是极为不利的。

有一个出身于贫穷农家的年轻人，他偶尔读到许多大实业

家成功的故事，很受鼓舞，于是就想知道得更详细一些，并且希望得到他们对自己的指点。

一天，他很早就去了一家事务所，在那里他见到了一个体格结实的男人。这个男人显得盛气凌人，对眼前的毛头小伙子很是不屑一顾，但是小伙子一眼便认出了这个男人就是他刚读到的书中的一位成功人士。于是他很诚恳地问："我刚读了您的故事，您能告诉我如何才能赚得百万美元吗？"之后，他们谈了一个小时，成功人士告诉他应该多认识一些人，多结交一些朋友，并介绍他该去拜访的一些名人。

于是，他按照成功人士的指点去拜访了这些名人，他们都是本地一流的商人、企业家。在他们那里，他学习到了很多东西，他们的忠告对他以后的发展都起到了巨大作用。尤为重要的是，他们给了他自信，使他看到了自身的力量，树立了奋斗的志向。同时，他们还把他介绍到一家大企业去工作。

两年后，小伙子已经成为这家企业的部门主管。又过了五年，他成了该企业的总经理。此时，他已经是个真正的富翁了。

我们应该多跟比自己优秀的人交往，而不是跟消极、平庸、没有上进心的人来往。跟优秀的人在一起，你会从他们身

上学到许多有利于自己事业的东西，比如工作技巧、经验、人际关系等，他们会告诉你如何才能更快地走向成功。

不管你的事业有多重要，不管你有多忙，在工作之余，都应该和你的好朋友们多联系，打个电话、聊聊天、吃顿便饭都可以。即使你们在事业上选择了不同的道路，你也不应该放弃你们的友情。反过来说，如果你有这样一直忙于事业的朋友，千万不要责备他冷落你，其实他也很寂寞，我们还是应该经常问候他、关照他。记住，友情是无价的，朋友给你带来的幸福感是其他任何物质所不能代替的。

身在职场，千万不要做孤胆英雄，而应该时刻保持与身边人的来往，并且从中建立自己的关系网，让自己成为众人乐于帮助的好汉。

宽容是金

"大肚能容,容天下难容之事;开怀一笑,笑世间可笑之人。""海纳百川,有容乃大。"宽容是一种美德,它代表了一种积极向上的友善之心,这是一种博爱的胸怀。

人无完人,孰能无过。每一个人都是有缺陷的,这种缺陷有时会伤到他人,如果以一种仇恨的态度对待他们的缺陷,只能让他们的缺陷更多。如果以宽容之心对待他们的缺陷,不仅能让他们自省,也能展现我们的宽广胸襟。

耶稣在世的时候,曾宣扬"爱所有人,包括你的仇人",尽管当时不被人们理解,甚至被骂为虚伪的小人,但是流逝的时间却见证了他的伟大。多少个世纪过去了,他的这种教义已经逐渐被世人认同,人们开始宣扬爱,宣扬宽容,摒弃仇恨和厮杀。

莎士比亚是一个宽容的人,他说:"不要因为你的仇恨而

燃起一把怒火，炽热地烧伤你自己。广览古今，大凡有所作为的人，无不大度为怀，置区区小利于不顾。相反，那些心中充满仇恨、无法宽容待人的人只能注定一事无成。"

印度伟大的文学家泰戈尔有一部作品《画家的报复》，给我们讲述了一个人伺机报复别人的故事：

一个画家在街头卖画，突然过来一个孩子，他被许多人前呼后拥地簇拥着。这个孩子衣着华丽，一看就知道是富家子弟。尽管过去了很多年，画家还是一眼便从这个小孩的眉目中看到了某个大臣的影子——那个当年把他的父亲欺诈得心碎死去的混蛋。

孩子在画家的作品前流连忘返，啧啧称赞，最后终于选中了一幅画，但是当他正准备付钱的时候，画家却迅速地用一块布将画盖住，并说这幅画他不卖。

孩子不知道原因，但是从此他变得郁郁寡欢，因为他真心喜欢那张画，可是为什么画家不肯卖给他？后来，大臣找到画家，愿意出高价购买他的画。但是画家还是拒绝了。他说他宁愿把它挂在自己家的墙上，也不愿卖给他。他得意而冷漠地坐在画前，喃喃地说："这就是报复。"

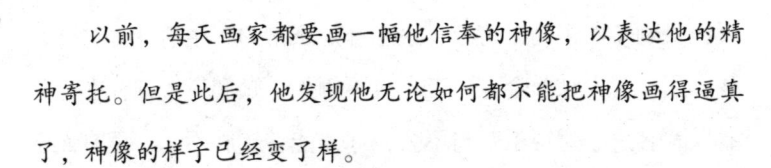

以前，每天画家都要画一幅他信奉的神像，以表达他的精神寄托。但是此后，他发现他无论如何都不能把神像画得逼真了，神像的样子已经变了样。

有一天，他正在画画时，突然他惊奇地跳起来：那双眼睛分明是那个大臣的眼睛。

他用力把画撕碎，高喊："我的报复已经回报到我的头上来了。"

一个心存报复的人最终伤害的还是自己，报复心理会让一个人出现严重的心理问题，从而影响自己的工作和生活。

遭人打击是令人痛苦的，但是如果你能用宽大的胸怀宽容或忘记这种痛苦，那么你就能用这种痛苦换来甜蜜的果实。

一个人遭受了别人的打击或者陷害，不是要用报复的心理将对方置于死地，而是应该用你的宽容之心使其良心产生震撼，让其发现自己的过错。

人在职场上奔波，竞争是难免的，而竞争就会有敌对，有仇恨，也许是来自内部，也许是源于外部。但是不管是哪一种都要抱着宽容之心对待，而不是针锋相对，斤斤计较。在职场上，遇到打击或者诽谤或者陷害是常有的事，比如你被领导指

责，受到了同事的诽谤等，这些都是正常的。生活就是这样，酸、甜、苦、辣都会有；工作也不例外，顺利逆境都存在。只有以宽容之心对待不幸与不公，你才能够战胜不幸，拥有属于自己的生活和成功。

作为员工，难免遭到老板的批评和指责，此时，如果你失去理智与其对抗，只能对自己不利，而且还会给人留下你心胸狭窄的印象。不管你受了多大的委屈，最好的方法就是不予理睬，该做什么就做什么，更重要的是不要让坏心情影响了你的工作以及你与老板的关系。

一个聪明的员工懂得职场中宽容的重要性，他知道如何驾驭自己的情绪，让自己不被领导的批评所伤，并且适当地发泄情绪，调节心情。而一个愚蠢的员工总是喜欢"讲道理"，他们天真地以为自己没有错，就不应该受到指责和嘲讽，或者不应该被严厉地训斥，但是你要清楚，这个社会有些事情是没有道理可讲的，在遭受不公平的待遇时，我们所要做的只能是接受，而不是让负面情绪影响自己。

因此在职场中宽容之心非常重要，员工要体谅老板，当你挨了批评或者受了训斥时，不要反唇相讥，当面顶撞，或者心存怨恨，不能释怀，而要懂得谅解，采取沉默的态度不生气，

也不反驳。如果老板是一个有修养的人，他会反省自己的过错，以后避免再犯类似错误；如果老板是一个傲慢的人，即使他依然故我，你更没有必要跟这种人生气。

员工需要有一颗宽容之心，作为领导也应该具有这样的胸怀。宽容代表了一个人良好的素质和修养。有的老板容不得员工犯一点儿错，有一点儿失误，他们往往不给人留一点儿情面，如果别人犯了一点儿错，就恶语相向，指桑骂槐。这样的老板在员工眼里是很没有素质和地位的，也很容易被员工所蔑视，自然也就无法让员工死心塌地地为之卖命。

宽容代表了一种尊重的情感，这是一种高尚的情操。一个不懂得宽容的老板是不可能凝聚人心做大事业的，他的一句恶语伤不到员工的身体，伤的却是员工的心，甚至是大多数员工的忠诚之心。

没有一个员工喜欢为一个不懂得尊重他人的老板干活儿，即使他开出的待遇非常丰厚。而一个懂得宽容的老板是受人尊重和信任的。员工第一次犯错，如果老板能够给其指出错误的所在，并要求其不能再犯，员工一定会心有敬意并改正错误。没有人愿意听别人的训斥。有的老板认为员工在我这里工作，我付给他们工资，他们就得什么都听我的，我想怎么样就怎么

样,这种想法是非常幼稚而愚蠢的。

现在的职场实行双向选择,员工有权利留下,也有权利离开。当一个老板损害了员工的人格,那么再有忍耐力的员工也会选择离开。因为他们知道他们可以出卖自己的力气,却不能出卖自己的人格和灵魂。

诚信是职场取胜的奠基石

你的老板是个言而有信的人,还是一个说话朝令夕改的人呢?如果是第一种,那么你应该庆幸自己找到了一个好老板;如果是第二种,那么你就要考虑是否应该换一个讲信用的老板了。

科学家调查显示,一个成功者的成功因素中,其知识占了20%,技能占了30%,态度占到50%,而其中最重要的态度之一就是诚信。可见诚信对成功的重要性。

诚信是一个人立身于世的重要品德,它不仅涉及一个人的品质问题,还涉及他的人生轨迹如何发展。古希腊一位哲人说过:"你若失去了财富,你只是失去了一点;你若失去了荣誉,你就失去了很多;你若失去了诚信,那么你就失去了所有。"诚信的重要性绝不亚于一个人的生命,它对于一个人的一生都很重要。

在发展事业的过程中,诚信对一个人尤为重要,李嘉诚认

为：“无信不立，事业上的'信'与对他人的'诚'是分不开的，一个公司一旦建立了良好的信誉，成功和利润便会自然而来。一个讲信用的人是一个值得信赖的人，与这样的人共事才能有所成就。要有追求更高知识的决心，同时要有信用，令人家对你有信心。我做了这么多年生意，可以说其中有70%的机会是人家先找我的。"

我们购物时总是按照品牌来挑选，这个过程不只是在挑选商品的质量，更是在挑选商家的名誉—— 一个好的品牌总是包含着值得人们信任的因素在里面。因此，有许多品牌价值数百万，这都是因为诚信的力量。

诚信是一个人事业大厦的基石，在成功的道路上，诚信的名誉是无形资产，它是世界上最好的广告，在无形中提升着你的形象。

有一个青年企业家，初创公司的时候只有10万元资金，过了几年，由于经营不善，许多消费者对新产品不认可，加上股东之间存在很大的纠纷，公司一下子陷入严重的经济危机。

此时，雪上加霜的事又接踵而来，看情况不妙，许多员工纷纷跳槽，不到几天的工夫，一个庞大的公司就只剩下寥寥几个人了。这时到了年底，该给员工发奖金了，他实在拿不出钱

来，怎么办？他想："如果不给员工发奖金，员工势必认为我是个不讲诚信的人，如此一来，谁还会跟我再干下去呢？"此时，万般无奈的他只好东奔西走，借了5万元钱发给员工，奖励他们这一年来对公司的贡献。他相信"守信乃立身之本"。员工都被他的诚信品德所感动，再也没有人要走了。因为他们深信，跟随一个讲诚信的老板做事一定会有一个光明的未来。

之后，青年企业家奋发图强，力挽狂澜，不久，就使公司起死回生，慢慢步入正轨，最后成为该行业的龙头企业，销售额增长了三倍。

青年企业家成功了，他成功的最主要一点无疑就是当时他没有放弃自己的诚信，排除万难为员工发放奖金。一个在最困难时犹能记得员工利益的人，试想，员工怎么会不死心塌地跟随他呢？

反之，一个不讲诚信的人，身边一定不会有真正的朋友，当他有难时，也不会有人去帮助他。作为一个老板也是如此，一个讲诚信的老板会得人心，会让众人信服，自然也就会努力做事，忠心跟随他。而一个不讲诚信的老板自然不得民心，也就不可能让员工死心塌地地为其做事，这样的老板不会做得长

久，公司也就不会发展壮大。

诚信永远是一个人走向成功的重要因素，诚信的力量是巨大的，它可以让一个人立于不败之地，无论你自身力量多么欠缺，只要有"诚信"二字，就可以无所畏惧地闯荡天下。

汉朝的季布以诚著称，当时的老百姓流传一句话："得黄金百斤，不如得季布一诺。"他的诚信为人使很多人对其无不敬重，他跟随项羽，很受项羽器重，最后项羽战败，为刘邦通缉，当时很多人舍身相救，奋力掩护他，使他安全地存活下来。

这就是诚信的作用，如果季布是个不讲诚信的人，那么肯定不会有人伸出援手相助，他也就难以脱身渡过难关了。

宋朝名臣司马光，也是个讲诚信的人，他信笃忠信，史书说他"自少至老，语未尝妄"，他自己也说："吾无过人者，但平生所为，未尝有不可对人言者耳。"

司马光认为诚信不仅是个人立身世上的基础，也是一个国家长治久安、家庭和睦幸福的重要保障。对此，他这样论述："夫信者，人君之大宝也。国保于民，民保于信；非信无以使民，非民无以守国。是故古之王者不欺四海，霸者不欺四邻，善为国者不欺其民，善为家者不欺其亲。不善者反之，欺其邻国，欺其百姓，甚者欺其兄弟，欺其父子。上不信下，下不信

上,上下离心,以至于败。"

小到个人,大到家庭、国家,诚信的作用都不可忽视。诚信是做人之本,是立国之本。诚信是相互的,别人对你讲诚信,你也要对别人讲诚信,以诚相待,将心比心,才能让别人信赖你。如果一个诚信善良的人总是受到愚弄和欺骗,时间长了人家肯定不会再信任你。

诚信为人永远没错,诚信的人可以得到他人的帮助和信任,可以在社会上拥有良好的信誉,使别人放心地与其共事。一个不讲诚信的人则不会得到别人的信任,也不可能使人放心地与其共事。

无论从事何种职业,你都要注意自己的人格品德,要做一个诚信的人,而不是言而无信的说谎大王。你不仅要在自己的职业中做出成绩,还要在做事的过程中建立自己的个人品牌。无论是谁都不要忘记:你是在做一个"人",一个大写的"人",而不是一个行为猥琐、言行不一的小"人"。做一个真正品行高尚的人,一个讲诚信的人,才能得到别人的认可和信任,才能使自己的职业生涯更顺利。

谦虚助你好前程

在职场中，我们经常见到那些平时耀武扬威的人到升职加薪时却傻了眼，而那些平时并不张扬、踏实工作的人则得到升职加薪的奖励。为什么？因为耀武扬威的人爱炫耀自己，不懂得谦虚，因而不得人心，而那些默默工作的人因为懂得表现谦虚，因此受到人们的喜爱。

美国第三届总统托马斯·杰斐逊是个谦虚的人，他曾说："每个人都是你的老师。"杰斐逊出身贵族，他的父亲曾经是军中的上将，母亲是名门之后。当时的贵族很少与平民百姓交往，他们趾高气扬，根本看不起平民百姓。然而，杰斐逊身上却没有这种不可一世的贵族气，他主动与各阶层人士交往。他朋友甚多，其中不乏社会名流，但更多的是普通的工人、贫穷的农民。他关心他们的生活，经常主动帮助他们。他谦虚为人，不介意向比自己地位低下的各种人学习，充分尊重每个人

第三章　情商——锻炼职场交际能力

的能力，懂得每个人都有自己的长处。

有一次，他对法国伟人拉法叶特说："你应该像我一样到民众家去走一走，看一看他们的菜碗，尝一尝他们吃的面包，这样你就会知道他们过的是一种什么生活，就能明白民众不满的原因，并会懂得正在酝酿的法国革命的意义了。"由于他体恤民情，深入群众，他虽高居总统宝座，却很清楚民众的生活，知道他们究竟在想什么，他们到底需要什么。

他的谦虚让民众对他十分爱戴，他是美国历史上一位杰出的领袖。

要想走向事业的巅峰，任何人都不可自命不凡，都应该去掉身上的毛病。然而在现实中却有许多人不能摆正自己的位置，经常为自己的一点儿成绩沾沾自喜，倚仗自己的一点儿优势而夜郎自大。相反，如果能把自己的位置放得低一些，就会有无穷的动力和后劲。

有些人对待荣耀无法把持，以致忘乎所以。有的人一旦获得荣耀，就容易忘了自己是谁，并从此自我膨胀。

古人有"韬光养晦"的策略，意思是说要懂得掩饰自己的才华，当你拥有了比别人好的东西时，不要拿出来炫耀，而要懂得谦虚，要将喜悦之情掩饰在心里，不被别人发现，才不致

引起别人的嫉妒,才不致招来危害自己的灾害。

人生在世,矜功自夸的人往往很难成大器,这种人自然常会成为别人嫉恨的对象。

韩信是汉朝的大功臣,他曾多次率军作战,大胜敌军,连最后垓下之围消灭项羽,主要也是他的功劳。司马迁曾说过,汉朝的天下,三分之二是韩信打下来的。但是他居功自傲,犯了大忌。并且在看到曾经是他部下的张仓、曹参、灌婴等都分了土地,与自己平起平坐时,内心顿感失去平衡。樊哙曾是刘邦的连襟,也是一员猛将,每次韩信访问他,他都是"拜迎送",对其可谓恭敬至极,但韩信一出门却说:"我今天倒与这样的人为伍!"此时,高傲的他已经全然忘了当年的胯下之辱。

后来,他的傲慢终于使他一步步走向绝路。后人对其评价说,如果韩信不居功自傲,不与刘邦讨价还价,而是自隐己功,谦虚退避,刘邦是不可能对其下毒手的。

想当年,韩信在街头忍受胯下之辱,那时,他是一个有忍耐性的人,他懂得隐藏自己的不悦,将自己的痛和恨都隐藏在心里,以求得暂时保全性命。但是现在,他完全忘记了这一安身立命的武器,在功成名就之时,骄傲自大,终于落的个身败

名裂的下场。

在职场中，谦虚的人是一个懂得隐藏自己、保全自己的人，他们懂得以弱者的姿态保全自己，获取更大的利益，从而让别人看不出自己的真实面目。

锋芒太露遭人嫉，一个不懂得收敛自己锋芒的人，其实是最愚笨的人。从表面上看起来似乎这样的人很聪明，但其实这种人是最危险的。《菜根谭》上说："鹰立如睡，虎行似病。"就是说老鹰站在那里像睡着了，老虎走路时看起来像有病一样，这是一种伪装起来的外表，目的是迷惑对方，使其放松警惕，从而成功达到其目的。还有一种说法是"扮猪吃老虎"，要使自己从表面上看起来像猪一样笨，装出一副傻里傻气的样子，使人觉得你对他们构不成威胁，这样对方就会消除疑心，你才能顺利地制伏对手。

我们都知道昆虫是一种弱小的生物，但是它们却懂得如何保护自己，不被外界伤害，它们利用保护色和拟态，让自己的身体颜色随环境的变化而变化，从而达到迷惑敌人、保护自己的目的。

而那些看起来强大的动物却常常在弱小的动物面前败下阵来，大象很强大，但是面对蚂蚁却也束手无策——当蚂蚁钻进

它的鼻孔时，力大无比的大象也无能为力，大象甩不掉它，也吃不着它，只能任痛苦折磨自己。

将自己的优势深藏不露，以一种弱者的姿态同别人交往，这样最不易引起别人的戒心，最能让人放松警惕，从而不至威胁到你，这是人际交往的一种手段，是一种重要的生存法则。

所以，在职场，不管你是老板还是员工都要注意保持谦虚的姿态。作为老板，不要自以为是、盛气凌人，这样才能让员工从心底里敬重你，让合作伙伴和客户信服你；作为员工，不要自负、高傲，不要锋芒太露，这样才能让老板欣赏你，让同事喜欢你。

然而，很多老板却总是难以做到谦虚为人，他们以为自己是老板就应该高高在上，就应该呼风唤雨，就应该让员工服服帖帖，就应该不顾及任何人的感受，想怎么做就怎么做。

有一个年轻人25岁就开了公司，虽然规模小，员工也不过5个人，但是当别人叫他老板的时候，他立刻觉得自己很了不起，那种高高在上的感觉使他飘飘然。从此，他在公司里总是摆出一种盛气凌人的架势来，无论对员工还是客户，他都高昂着头，手插着腰，一副"我是老板我怕谁"的样子。员工在背地里都觉得他的样子很可笑，但时间长了也就见怪不怪。在公司里他说一不二，不管合理不合理的事，都要完全照他说的去做。很快，几名员工都受不了，纷纷辞职不干了。他的公司不久也就倒闭了。

职场如战场，你和你的同事、老板在很多时候都处于一种利益链的关联之中，要学会照顾别人的情绪，不要显露你得意的神态，因为人都有一种嫉妒之心，你若太突出，那么你的得意势必衬托了别人的无能，而这会在无形中干涉到别人的利益，引起别人对你的不满。

在工作中一定要谦虚谨慎，要把握一个度，不要过分彰显自己的优势。为人处事要懂得为别人留有余地，不可做得太绝，这个道理放之四海而皆准。世上每个人皆需依赖众生才能生存，只有在和谐平衡的情形下，人和事物方能向前发展。

注意你的"嘴"

我们的"嘴"不仅仅是用来吃饭的,它还是我们与人沟通的重要工具。一个会说话的人,"良言一句三冬暖",而一个不会说话的人则可能"恶语伤人六月寒"。说话讲究技巧,才能正确地表达你的意思,才能达到你所要达到的目标。

职场如战场,"嘴"也是我们的重要武器之一。一个人可能会因为一句话遭殃,也可能因为一句话飞黄腾达。我们常说"祸从口出",就是这个意思。由于一句话说的不妥就会引起同事或老板的不悦,或者遭到他们的憎恨,这样,即使你的工作做得再好,也无法得到同事的喜欢、老板的认可了。

因此,我们要时刻注意自己的"嘴",掌握正确而合适的表达技巧,明白什么话该说,什么话不该说;要学会沟通的技巧,知道如何与人良好地沟通,以达到预期的目的。

会说话,说明一个人具有良好的表达能力,而语言表达能

第三章 情商——锻炼职场交际能力

力是一个人成为老板所要掌握的重要技能。一个人拥有良好的表达能力才能正确地传达自己的想法、见解和意见,让别人明白自己心中的想法,配合自己的想法去做事。而一个不懂得语言表达技巧的人即使满腹经纶,也会茶壶里煮饺子——倒不出来。作为一个老板,很多工作都要靠"嘴"、靠语言来进行,比如主持会议、下达工作指令、接待来宾、发表演讲、与员工进行交谈等,进行这些工作需要特别注意正确的沟通技巧。

有的人不注意语言表达,平时说话大大咧咧,或者欠缺考虑,常常引起别人的误会,影响彼此的关系,严重的甚至将事情搞砸。

我国自古以来就重视说话的技巧问题,知道语言表达的厉害之处:"一言兴邦,一言丧邦。"出现了很多靠"嘴"生活的名人:苏秦、张仪、墨子、孔子等。

在西方,口才是一种重要的社交工具,也是一个人打开成功之门的金钥匙。下面这个故事很好地说明了沟通的强大力量。

有一个青年人因为长久没有找到合适的工作而在街头徘徊,他看起来非常沮丧,脚步沉重,他曾一度幻想某个老板能发现他的存在,结果都无济于事。有一天,他突然想到欧·亨

利的一句话:"在'存在'这个无味的面团中加入一些'谈话'的葡萄干吧。"

于是,当走到一个公司办公地时,他突然闯进一个办公室,里面正好坐着公司老板——当时鼎鼎有名的大富翁贾鲍尔·吉勒斯,他当时异常兴奋,要求吉勒斯能挤出一点时间来接见他,听听他的想法。

吉勒斯觉得这个人很有意思,于是答应给他3分钟时间接见他。起初,吉勒斯只是硬着头皮听,但是后来他们越谈越投机,谈话进行了一个小时才结束。结果,令人意想不到的是,吉勒斯给这个穷困潦倒的年轻人找了一份工作,吉勒斯对年轻人说:"我很欣赏你说话的技巧,这说明你是个头脑聪明的人。"通过一番谈话中找到一份工作的年轻人喜出望外,他觉得口才对于一个人来说简直就是一把打开成功之门的金钥匙。

良好的沟通能力是一个人事业成功的重要武器,日本的推销女神花田贵曾经说过,她成功的重要秘诀就是"少说多听"。她的销售业绩曾令许多男人汗颜,在谈到自己的销售技巧时,她说了这样一番话:"在登门拜访的时候,我尽可能简洁地介绍来意,然后转移话题,转到他感兴趣的话题上,然后

静静地听他滔滔不绝地讲话,等到最后他讲完了,自然就会问你产品的具体情况,这时就到了充分展现你口才的时候了。"

如果你有意做老板,就更要注意锻炼自己的语言表达能力,培养自己的沟通技巧。老板是一个公司的领导人物,要特别注意说话的分寸,贬义的话分量过重,往往会伤到别人的尊严,让人背上思想包袱,产生不好的结果。这样就达不到教育人、启发人的目的,相反还有可能恶化彼此的关系。反之,褒义的话太多,容易让人产生骄傲自满的情绪,影响一个人的工作,因此,一个老板说话要注意分寸和分量,既要得体、大方,又要起到一定的作用,这样才能让别人信服,才能解决问题,才能形成一个具有凝聚力的团队。

有的人不善于沟通,总是在谈话中处于被动地位,他们在社交场合从不肯说什么,只是静静地坐在一个角落。他们觉得言多必失,但是有时候,不说话也是一种过失,不说话的人会被别人认为不合群,与他人不和谐,没有能力这样势必影响一个人的交际范围。

沟通是我们生活和工作中不可缺少的重要交流工具,一个能够很好地与人沟通的人,就可以拥有良好的人际关系。同样,在职场中也是如此,职场中语言的交流是正确地与他人合

作的重要前提，一个不能正确表达自己意见的人很难顺利地与他人沟通，也就很难顺利地开展合作。

不知你是否有这样的体会，当你去一家公司面试的时候，主考官通常要问我们一些问题，而这个过程则是对方考察你沟通能力的一个重要方式，也决定了你能否被录取。

在职场中一定要注意：管好你的"嘴"，只说正确、合适的话，不要因你的嘴惹祸上身。

尊重他人就是尊重自己

从前,有两个人是邻居,一个是麻子,一个是秃子。麻子总是爱奚落秃子,秃子却常常一笑而过。有一天,麻子突然兴致大发,吟出一首诗来:

一轮明月照九州

西瓜葫芦绣球

不用梳和篦

虫虱难留

光不溜

净肉

球

麻子吟完这首诗,显得很得意,他看着依然满脸笑容的秃子说:"我的诗不错吧,我从七个字吟到一个字,你也能吗?"秃子接下来说:"我不模仿你,我从一个字吟到七个字

如何？"

秃子很快也吟出一首来：

脸

天排

糯米筛

雨洒尘埃

新鞋印泥印

石榴皮翻过来

豌豆堆里坐起来

刚才还得意的麻子顿时羞得满脸通红，以后再也不敢奚落秃子了。

尊重与被尊重是相辅相成的，你尊重别人，别人也会尊重你。一个不尊重别人的人，别人也不会尊重他。出口伤人、当面揭露别人的短处，对别人的错误经常讽刺、打击的人实际上是一个不尊重自己的人，他们拿别人的短处、错误来惩罚别人，实际上却是在惩罚自己。

尊重别人就是尊重自己。尊重别人就是积极地肯定别人，对于别人所做的事情能够给予正面的肯定，而不是一味地否定

和抨击。每个人都希望得到他人的肯定，希望别人赞美他，但是很少有人能做到这一点，许多人总是觉得自己很了不起，别人没有什么优点可言，因此常常对别人讽刺、打击。这种人看不到别人的闪光点，甚至视而不见，以偏概全，觉得别人做错了事就是不可原谅的。其实，犯错是每个人都难免的，如果因为一个错误便将他人一棍子打死，那么这种不尊重人的做法势必会引起别人的反感，从而影响彼此之间的关系。

尊重别人就是要对他人多一点包容，凡事不斤斤计较，不在心里偷偷算计，对别人的错误能够以平和之心对待，能够设身处地地包容对方，这样比讽刺、打击的效果要好得多。因为一个懂得控制自己的情绪、不轻易对别人动怒的人是一个懂得尊重别人的人，这样的人也必然能够得到别人的尊重和帮助。而一个不尊重别人的人则常常会给自己招来很大的麻烦，甚至是巨大的损失。

有一个发生在战国时代的故事，很好地说明了不尊重别人所带来的严重后果。当时，有个名叫中山的小国，有一次，中山国君设宴款待将士，在分羊肉羹时，正好分到一个名叫司马子期的那里没有了。司马子期当时并没有什么反应，但是他从此对中山国君怀恨在心，就到楚国劝楚王攻打中山国。很快中

山被攻破，中山君决定逃到国外。当他上路后发现有两个人手里拿着戈跟随着他，便问："你们来干什么？"两个人回答："从前我父亲流浪街头，是您赐他一些食物，使他免于饿死。我们是他的儿子。家亲临死前嘱咐我们要竭尽全力，甚至不惜以死报效国王。"

中山国君听后，感叹地说："怨不期深浅，其于伤心。吾以一杯羊肉羹而失国矣。"怨恨不在乎深浅，而在于是否伤了别人的心。未得到一杯羊肉羹，看似事情不大，但是在当时的情况下它却有着不同的意义，是关乎到一个人尊严的问题。所以，当一个人尊严受到了伤害时，那么由伤害而引发的报复就会厉害得多。一些食物本没有什么了不起，但是在饥饿的人眼里它却异常珍贵，因此，此时的给予就不仅仅是简单的食物，还有尊重和关怀。

因一杯羊肉羹而丧国，因一些食物而得到别人的誓死相随，这一切都是由于简单的"尊重"二字。一个人可以失去很多，但唯独自尊心不可失去，人活一口气，一旦没有了尊严，就如同禽兽，任人宰割。有时候一句无意的话可能会伤害别人，所谓"言者无心，听者有意"，甚至可能会为自己树立一个敌人。中山国王因一杯羊肉羹而失国的故事,对我们是一个深刻的教训。

人在职场,要懂得"尊重别人就是尊重自己"的道理,不要轻易给人以难堪,让人颜面尽失。这样不仅会影响到职场关系,也会影响到自己的工作。

要尊重别人就要积极地肯定别人,要多赞美,少挑剔,尽量不当面指责别人的过失,学会给人留有余地。跟同事相处时,要记得多夸奖,多鼓励;跟老板相处,要记得不争论,不当面指责。

尊重别人就不要总是把自己的意志强加于人,希望别人完全按照自己的意思去做事,如果别人没有按你的意思去做,或者将事情搞砸,就去批评、指责别人。世界上各种各样的人都有,每个人都是独立不同的个体,因此这就决定了每个人都有不同的思想和做事方法。而且,处理每件事也不是只有一种方法,只能采取一种方式。因此,就不能要求别人按照自己的想法办事。给人留有余地,让他按照自己的思想去做想做的事,这就是对人的一种尊重。

不尊重别人的人势必不会得到他人的尊重,而且时间一长还有可能引发误会和矛盾。这种误会和矛盾常常会伤害到对

方，如果对方耿耿于怀，两人之间的关系就很难融洽。如果对方受了伤害一笑了之，不予计较，这当然最好。但实际上，对人尊严上的伤害是最难让人容忍的。所以，要想保持良好的人际关系就要做到尽量不伤害别人的自尊，尽量做到尊重对方，即使别人做错了事，也要注意给人留有余地。

第三章 情商 —— 锻炼职场交际能力

难得糊涂

汉朝著名文人东方朔曾说："水至清则无鱼，人至察则无徒"，"明有所不见，聪有所不闻，举大德，赦小过，无求备于一人之义也。" 水太清，鱼就无法存活，因为水里没有任何其他的微生物可供鱼食用。做人太过苛刻，对什么事都明察秋毫，无法容忍别人的一点过错，这样的人不会受人欢迎。

"人非圣贤，孰能无过"，世界上没有十全十美的人，不管是受人尊敬的英雄伟人，还是聪明绝顶的科学家，都是有许多缺陷的。这正如阿基琉斯的脚踝，身为天神的后代，他从出生便全身刀枪不入，但是脚踝这个地方还是成了他致命的弱点。

任何人都有过错，很多人自己做不到十全十美，却要求别人十全十美，这是一种心理很不成熟的表现。

因此，做人不能太过苛刻地要求别人，对于别人的过失，应该包容、谅解，适当地装糊涂，睁一只眼，闭一只眼，凡事

别太较真儿,保持一颗大度之心,这才是处世待人之道。

糊涂的人未必真糊涂,而是装糊涂,这个世界上有太多事情无法用惯常的办法去解决,许多事出乎我们的所料,因此,适当地装糊涂对于事情的解决有着很大的帮助。

《寓圃杂记》中有两个关于杨翥的故事:

杨翥的邻居丢失了一只鸡,他怀疑是杨翥偷了去,于是就隔墙大骂,说是姓杨的偷走了。很多人看不下去,告诉了杨翥,杨翥却说:"姓杨的人很多,又不是我自己姓杨,随他骂去吧。"

还有一个邻居,每当下大雨时,就把落到自家院子中的雨水排放到杨翥家中,如此一来,杨翥家就积水成河,备受脏污潮湿之苦。当家人告诉杨翥时,他很平静地说:"日子还是晴天的时候多,阴天的时候少啊!"

后来这两家邻居都被杨翥的大度所感动,再也没有出现过类似的事件。有一次,贼人到杨翥家中抢劫,邻居们主动组织起来到杨翥家看护,使杨翥家免去了一场灾祸。

对别人忍让,别人必会以相同的姿态回报,这就是大度之人的做法。杨翥不计较邻居的过错,反而为其开脱,对邻居

第三章　情商——锻炼职场交际能力

的冒犯不予追究，这似乎有些傻气，但这正是聪明之人的高明之处。人与人之间交往，难免磕磕碰碰，出现摩擦和矛盾，有了矛盾时，能够平心静气地协商解决固然是上策，但是很多事情并非如此简单。在很多情况下要做到心平气和是不可能的，这时，如果适当地装糊涂，这对自己、对他人都是一件有益的事，糊涂的人看似糊涂，实际上是最聪明的。郑板桥说："退一步天地宽，让一招前途广……糊涂而已。"

做人不能太认真，有些事需要我们去糊涂，越糊涂越好。如果能在无伤大雅的事情上装点糊涂，就能够让大事化小，小事化了，让自己从琐碎的纠葛中解脱出来，集中精力办大事，去争取大局利益。表面上聪明的人实际上并不聪明，表面上糊涂的人其实才是真正的聪明。适当地来点糊涂是聪明人在特定情况下所使用的的交际武器，它能解决一些棘手的难题，从而使自己化险为夷。

人生苦短，有许多事等待我们去做，不要将宝贵的精力都浪费在毫无意义的小事上，因一点儿小事而耿耿于怀，这于己于人都没有好处。让自己糊涂一点儿，大度一点儿，把烦恼忘掉，才是上策。

孔子东游的路上突然感觉腹中饥饿，就对弟子颜回说："你

去到前面的一家饭馆讨点饭来。"颜回到了饭馆,说明来意。

没想到,那家饭馆的主人打量了一番颜回说:"我可以给你们饭吃,不过我有个要求。"颜回很干脆地说可以。主人说:"我写一字,你若认识,我就免费请你们吃饭;若不认识则乱棍打出。"颜回听了微微一笑道:"我虽不才,但也跟师傅学习多年。别说一字,就是一篇文章又有何难?"

随后,主人拿笔写了一个大大的"真"字。颜回看了不禁哈哈大笑:"主人,你也太欺负我了吧,竟然拿这个字来考我。这不就是认真的'真'字嘛!"颜回正得意,谁知店主冷笑一声:"哼,你这个无知之徒竟冒充孔老夫子的学生来捣乱,来人,乱棍打出!"

颜回简直要气疯了,他气呼呼地回来见老师,把刚才的事说了一遍。孔子听后微微一笑:"看来这个店主的意思是非要我过去不可。"孔子来到店里,询问刚才的事情,那店主什么都没说还是写下一个"真"字。孔老夫子随后笑嘻嘻地答曰:"此字念'直八'。"没想到那店主立刻就笑了:"果然是夫子,请!"就这样店主人盛情款待了他们一番。

事后，颜回百思不得其解，于是禁不住问道："老师，您不是一直都教我们那字念'真'吗?什么时候变'直八'了?"孔老夫子微微一笑："有时候的事是认不得真的啊！"

做人如此，在职场上行走更应该如此。在一个团队组织里，上司和下属、同事与同事之间在相处过程中难免会产生一些摩擦，这时对于那些非原则性的问题让自己装糊涂是个不错的选择。

职场中有些事不必太过认真，太认真了就难以让自己从纷繁芜杂的纷扰中解脱出来，就会影响到你的工作，影响到你在职场中的人际关系。一个聪明的职场人应该懂得"糊涂学"，对于有些事要学着去接受，而不是一味地认死理、讲道理。这个世界很多事是没有道理可讲的，有一些东西本身就存在不公平性，而你若一味要求公平、平等，只会让自己受伤，或者让别人讨厌你。

任何事情都不是绝对的，因而让自己保持一颗平常心，才是最重要的。我们都说镜子的表面很平，但你知道吗，在高倍放大镜下，它就会显得凹凸不平；有些看起来很干净的东西，如果拿到显微镜下去看，会发现上面有细菌。如果我们平时拿着这个放大镜生活，那么我们连饭都吃不成了。俗语说："不

干不净，吃了没病。"说的就是糊涂一点儿，睁只眼，闭只眼才是上策。同理，在为人处事上，如果用放大镜去看别人的缺点，恐怕人人都恶贯满盈、罪不可赦了。

如何拥有较好的人际关系是一门很深的学问，很多人用毕生精力去探究也未能明白其中的真谛。其实，生活的复杂性使人们不可能在有限的时间里洞悉人生的全部内涵，因此，就要求我们该糊涂时且糊涂，太过认真不仅伤害别人，也会伤害自己，而且于事无补。

像爱家一样爱公司

　　人人都爱自己的家,因为家给人的是安全、温馨、温暖的感觉,它让我们为了家庭的幸福毫不保留地付出所有。作为员工,对公司也要有一种爱家的精神,要把公司当成家一样来爱戴,来呵护。要树立一种"公司是我家"的观念,付出自己的全部热情和劳动。

　　但是,也许有很多人反驳这一观点,公司哪能跟家相比啊,公司是一个残酷的战场,这里充满了激烈的竞争和厮杀,它并不能让人感到安全。并且每一个人在这里都要时刻看老板的脸色行事,没有自由,如果稍不留心犯了错,还会遭到老板无情的指责,绝不给留一点儿情面。而在家里,父母是根本不会这样对待自己的。所以,公司让人感到的只有窒息,而不是温暖。

　　遇到这种情况,只能证明你还没有碰到好的公司、好的老

板。也可以说，没有碰到欣赏你的老板。如果你有幸遇到了欣赏你、珍惜你的老板，那么你就应该树立公司即家的意识，让自己融入到家这个团体中来，时刻为家的前途而奋斗，当你把公司当成家以后，相信没有一个老板不感动。

如果你不能把公司当成自己的家，认为处处没有自由，总是感到受了限制，那么你就很难最大程度地发挥自己的才能，也很难创造出最大的价值。

诚然，把公司当作自己的家有时是无法做到的，但是你也应该尽量要求自己用心去爱它。因为公司就是你实现人生价值的舞台，是达到你目标的一个平台。

有一个年轻人和哥哥在码头的一个仓库给人家缝补毡布，他很能干，做的活儿也非常好，而且他把这个小公司当成了自己的家，每当看到地上有些碎布头时，他都要弯腰捡起来，以留作备用。

领导说他很能干，是个聪明人。而他的哥哥却不这样认为，他总是觉得他这样很傻，说："又不是你自己的公司，老板赚了钱也不会多给你一分，你凭什么这么卖力啊？"

一天夜里，突然下起了大雨，外面雷电交加，这个年轻人一骨碌从床上爬起来，冲入大雨中。哥哥知道他要去做什么，就骂他是个傻瓜。在露天仓库里，年轻人走到一个又一个货堆前，盖好被风掀起的毡布。不一会他就成了一个落汤鸡，浑身都是雨水。

正好此时，老板过来察看仓库，他看到货物上面严严实实地盖着毡布，心里非常感动，他说："我见过无数的员工，但是像你这样有责任心的员工还是头一次见到。你真的已经把公司当成了家。"紧接着，老板就表示要给年轻人一笔钱作为对他的奖赏。年轻人摆摆手，说："为家多付出点，是不用拿什么报酬的。何况我住在仓库旁边，过来盖一下只是举手之劳。"

老板回去后就宣布将这个年轻人调到公司领导层任职，因为他把公司当成了自己的家。

尽管你并不是公司的主人，但一定要有主人翁精神，要把公司当成自己的家，积极地为公司的发展出谋献策，急公司之所急，与公司共同发展、共同进步。在公司这个团队里，你是"小我"，公司是"大我"，只有"小我"服从"大我"，才能获得双赢，实现共同的目标。

阿尔波特·哈伯德在《致加西亚的信》中这样写道：

"绝大多数人都必须在一个社会机构中奠基自己的事业生涯。只要你还是某一机构中的一员，就应当抛开任何借口，投入自己的忠诚和责任。一荣俱荣，一损俱损。将身心彻底融入公司，尽职尽责，处处为公司着想，对投资人承担风险的勇气报以钦佩，理解管理者的压力，那么任何一个老板都会视你为公司的支柱。"

如果每一个员工都以这种心态来工作，把公司当成自己的家，去关心它，去效忠它，把公司的利益与自己的利益紧密相连，那么，当这个家强大起来的时候，也就是你成功的时候。

第三章　情商——锻炼职场交际能力

端正你的工作态度

有一个哲学家在外散步，他看见一个西装革履的年轻人愁眉苦脸地坐在路边，就问："你怎么了？有什么事情让你烦恼吗？"

年轻人回答说："我虽然是个白领，可是我一天到晚的工作只有10美元，这样的工作真让人觉得没有意思。"

后来一个灰头土脸的清洁工快乐地走过来，哲学家就问他："你一天能有多少收入？"

清洁工回答："3美元。"

哲学家又问："一天才拿3美元，你为什么这么快乐？"

清洁工惊讶地说："为什么不呢？我把这份工作当作一份愉快的事情来做，就不觉得累，也不觉得苦了。"

白领鄙视地说："只有垃圾才爱干清理垃圾的工作。"

哲学家严肃地说："白领先生，你错了，虽然你的工作很体面，但是你并不快乐，相反，你被工作奴役，身心受到严重摧残，你是在透支自己的生命。而这位清洁工虽然干的活儿比较脏，也比较累，但他不被工作所奴役，他每天都很快乐，一个快乐的人生是多少钱都买不来的。"

听完哲学家的话，白领自觉惭愧，灰溜溜地走了。

一个人对待工作的态度决定了他工作的状态和心情。工作首先是一个态度问题，对待工作的态度是热爱、积极，还是厌烦、消极，直接决定着一个人的事业成败与否。

职场中人与人之间的竞争，其实就是工作态度的竞争。一个人的态度直接决定了他对工作是积极尽力还是消极敷衍，是认真谨慎还是马虎大意。工作态度决定工作表现，而工作表现就决定了你在老板心目中的地位，他是认可你，还是否认你。

毋庸置疑，每一个老板都喜欢工作态度好的员工，他们希望员工敬业、忠诚、认真、负责、勤奋、合作……他们希望员工将工作视为一件重要的事业来做，投入巨大的热忱和精力，做到最好。

而有的人抱着"为别人打工"的心态做事，他们认为"公司不是我的""老板态度恶劣""我的薪水太低"，从而不肯

第三章 情商——锻炼职场交际能力

多付出一点儿,只是被动地接受任务,完成工作,缺乏创造性和活力,整天无精打采,浑浑噩噩,当一天和尚撞一天钟。试想,会有什么好事掉到这样的员工头上吗?没有一个老板喜欢这样的员工,那么这些员工被淘汰也是迟早的事。

成功学告诉我们,态度决定行为。在职场中,态度就是最有力的武器,它具有强大的竞争力。你对待工作的态度永远决定了你将来成就的大小。如今很多人是茫然的,他们每天在固定的时间上下班;在固定的时间像一个机器人一样机械地工作,缺乏思考和创新,工作明显带有应付和被动的迹象;到了固定的时间领到自己的薪水,怀着满意或抱怨的心情,仍然茫然地去上下班……他们从不思索是否需要改进自己的工作,创造自己的事业,也因此他们总是在浑浑噩噩中茫然度日,没有激情,没有快乐,只有被动和麻木。这样的人只是被动地应付工作,把工作当成一种负担和苦难,纯粹为了工作而工作,他们不可能在工作中投入自己全部的热情和智慧。他们只是在机械地完成任务,而不是去创造性地、自动自发地工作。

只有主动工作,才能让自己全身心地投入全部的精力,才能将工作做得更好,才能随时把握机会,才能开拓成功之路。

从前,有个铸剑师傅,他一生都在为朝廷铸剑,他所铸的

剑无不锋利美观，许多人都喜欢他铸的剑。

后来，他老了，再也没有力气抡起那把重重的铁锤，他想告老还乡，回家与妻子儿女享受天伦之乐。

临走时，连皇上都来为他送行，皇上依依不舍地拉着他的手说："这么多年来，真是多亏了您老人家给国家铸了这么多锋利的剑，才让战士得以保家卫国。您能否再留些时日，帮我再铸一把剑，给我留作纪念？"

铸剑师傅早已感激涕零，他当即爽快地答应了皇上。

后来，铸剑师傅很快就铸好了剑，比以前铸剑所用的时间缩短了很多。

可是，当他看到这把剑时，顿时惊呆了：剑面十分粗糙，且看上去十分丑陋。这怎么能献给皇上呢，他一时不知所措。

后来，皇上见到了这个不合格的作品，当时皇上并没有责怪他，而是深深地叹了口气，说："你已经没有原来用心了，看来你真的需要回家了。"

就这样，老师傅怏怏而归，他痛心疾首：自己这一辈子在皇上心中的形象就因为最后这把剑而毁坏了。

第三章　情商 —— 锻炼职场交际能力

一个人对工作的态度直接决定了他所创造的作品的质量，这种态度里折射着人生态度，而人生态度决定了一个人一生的成就。

端正你的工作态度，以全部的热情投入工作，把工作当成一项事业，敬业、认真、主动、合作、勤奋……当你以这样的态度对待工作时，你的工作就会格外顺利，并且会最终走向辉煌。

第四章

品质——修炼做老板的职业精神

1+1＞2

"三个臭皮匠，顶个诸葛亮""一个篱笆三个桩，一个好汉三个帮"，说的是一个人的力量是渺小的，如果很多人结合起来，就会产生巨大的力量。

在数学里面，1+1＝2，但是在一个团队里面，1+1＞2。一个人的力量是有限的，如果与另一个人合作，就能将问题顺利地解决。

有一位英国科学家做了这样一个实验：

他把一盘点燃的蚁香放进蚁巢里，顿时蚂蚁们慌作一团，不知所措，而个别蚂蚁则慢慢向蚁香靠近，试图了解蚁香的具体情况。大概过了十几分钟后，这些大胆的蚂蚁纷纷向火中冲去，对着点燃的蚁香，喷射出自己的蚁酸。但是由于蚁酸量少，刚喷到蚁香上时马上就蒸发了。当蚁酸喷完之后，这些勇猛的战士就倒在火海中，被火烧死了。而后，又有一大批蚂蚁

向火海中冲去，用自己小小的蚁酸与蚁香作战。很快，它们就将火扑灭了。活下来的蚂蚁将战友们的身体移送到附近的一块墓地，盖好了薄土，安葬了。

紧接着，这位科学家又将一团燃烧的纸团放到了那个蚁巢里细细观察。显然这一次的"火灾"更大，但是蚂蚁们并没有惊慌，它们已经有了上一次的经验，于是它们便协同在一起，有条不紊地作战，不到一分钟，火便被扑灭了，而蚂蚁无一殉难，这真是个奇迹。

蚂蚁虽小，却可以战胜强敌，这就是合作的力量。一个懂得合作的团队是个战无不胜的团队，在这里每一个人都将自己的命运与整个团队紧紧相连，共生共死，共荣共耻。而一个不团结的组织，如一盘散沙，终究难成大事。

很多动物都天生懂得合作的重要性，它们总是结伴出行，寻找食物，很少有单独出来觅食的，因为它们知道离开了团队的个体将无法生存。虽然它们内部也有残酷的竞争，但是相对于外界来说，内部除了争斗还有共同制敌的团结性，所以，大多数动物都必须依靠团队生存下去。

狼本性凶残，但它们非常懂得合作的重要性。在一个狼群

里，它们有自己的领袖和严格的等级划分，其他的狼都必须听命于狼首领的意见才能吃到食物，否则就会被抛弃，而一只单打独斗的狼是很难在残酷的动物界生存的。

在遭遇强敌时，狼的合作性表现得更明显。首先，狼首领会发号施令，群狼听到命令后就会各就各位，这时不管目标如何明显，哪只狼也不会独自跳出来攻击目标。

在开始作战后，狼的合作性就彻底展现了出来。每个狼都坚守好自己的岗位，带头的狼奋勇向目标扑去，诱敌者避实就虚、声东击西，协助者左蹿右突、嗥叫助阵，这种高效的团队协作性往往使他们攻无不克、战无不胜。

但是，如果一只狼单独行动，它则有可能成为老虎或狮子的"盘中餐"。

狼的合作性还体现在保护受伤的同伴上，如果有谁受了伤，其他的狼不会独自逃走，并且会在战斗中倾尽全力去保护同伴。

狼的合作性还体现在保护下一代上，当母狼产下狼崽后，其他的狼会主动担当起保姆和保镖的责任。它们会轮流看护摇

篮中的小狼崽,当小狼长大后还会主动与它们嬉戏,教给它们如何躲避敌人、如何攻击敌人等等。

自古以来,人们都很崇拜狼这个既凶残又勇敢的动物,因为它身上具备了许多人所渴望拥有但却没有的东西,其中重要的一点便是合作的精神。

每一个员工都必须有很好的协作精神,要充分发挥团队成员之间优势互补的作用,使整个团队产生整合后的聚变,具有超级战斗力,实现1+1>2的目标。

一个人能够同他人协作,表明他对自己所在的团队很负责,这种负责实际上也是对自己的负责。"唇亡齿寒""皮之不存,毛将附焉",一个人离开了团队往往很难独自在竞争中获胜。这就像鱼和水的关系,单独的个体是鱼,而团队就是水。鱼离不开水,单独的个体离不开团队。你必须通过与其他人合作才能完成自己的工作任务。你是否具有团队精神,直接关系到你的业绩。一些大公司招聘人才时,十分注重人才的团队精神,他们认为一个人是否能和他人相处并相互协作,要比他个人的能力重要得多。

在一个成千上万人的汽车装配流水线上,只要其中有一个环节出现了失误,汽车便无法出厂,因为谁也不会购买有缺陷

第四章　品质 —— 修炼做老板的职业精神

的汽车。又如，在登山过程中，登山者之间都以绳索相连，假如其中有一个人失足了，其他人就上前全力抢救。否则，这个团队便无法继续前行。而当大家都绞尽脑汁，使尽了所有的力气也无济于事的时候，就只好割断绳索，放弃这个人的生命。只有这样，才能保住其他人的性命。而此时，割断绳索的常常是那名失足的队员，这就是团队的精神。

　　一个人的成功是建立在团队成功的基础上的，单独的个人很难做出大事。老板需要与员工合作，再有能耐的老板也很难一个人经营自己的事业，他需要将他人组织起来同自己一起工作，才能开创大业；员工需要与老板合作，这样才能找到实现自己理想的舞台，同时获得生存的保障。

　　因此，不管你是老板还是员工，都要事事考虑集体的利益，都要处处为企业着想，全身心地投入到工作中，与大家协同做好工作，创造更大的价值。当企业出现问题时，要从大局出发，要积极地想办法，及时提出合理化建议，并且与大家一起并肩作战。

　　任何一个团队都是由不同的个体组成的，在这里，每一个员工都有不同的性格、爱好，而且在知识和能力上也各不相同。但是，不管他们来自何方，个性如何，能力怎样，都有

一个共同的目标——为了公司的盈利而奋斗。这就要求在工作中，每个人都应具有团队合作的精神，而不是单打独斗。把不同的人组成一个为共同目标奋斗的整体，此时，团体利益便是至上的，个人的利益就相对次之了。

　　对一个公司来说，高度的团队效率是公司生存的重要基础。一个没有凝聚力的团队要想在竞争中获胜是不太可能的，因为一盘散沙很容易被风雨吹散。因此，一个员工是否具有团队精神是他在职场安身立命的基本条件，也是其走向成功所必不可少的重要因素。

敬业就是一种业绩

敬业精神是一个员工走向成功的重要素质之一。南宋哲学家朱熹对于敬业有一句这样的话:"敬业者,专心致志以事业也。"敬业代表了尽职尽责、全力以赴做好自己的本职工作,它是一种积极主动的工作态度。如果要做老板就一定要让自己具备敬业的工作品质。

有的人把工作当成一种交易,认为工作是用自己的劳动付出换取薪水的过程,因此他们对工作抱有一种满不在乎的思想,认为工作只不过是为了混口饭吃,做好做坏一个样,那么卖命干吗?挣多了钱老板也不会多给我一分,还不如让自己多歇息一下呢!

抱着这样的态度工作的人比比皆是,这些人按时上下班,工作基本合格,让老板挑不出什么毛病来,但并不能称得上完美。这样的人要想在高手如林的职场中生存下来又有何资本呢?

要做出一番成绩来，必须首先树立一种敬业的精神，把自己的职业当成一生的事业来做，而且要做就做到最好，追求完美，不断进取，而不是敷衍了事，马马虎虎。

有一个外国客人坐上一辆出租车，车内的情况让他大吃一惊：车上铺着干净的地毯，地毯边上还缀着鲜艳的花边；座位上的座套干净整齐；玻璃上贴着世界名画；车窗一尘不染……

外国客人不禁脱口赞叹："真是太干净了，我从没坐过这样干净、漂亮的出租车。"

司机笑着回答："谢谢你的夸奖。"

外国客人又问："你是怎么想到装饰你的出租车的？"

这时司机给外国客人讲了这样的一故事：

我做出租车司机已经有十几年了，当初我的生意非常差，但我并不知道具体的原因，我只是按常规思路认为是从事这个行业的人太多了，但不久后有一件事改变了我的想法，我也找出了真正的原因。那天晚上，我像往常一样在路上开着车，这种冷清的生意让我感到失望。突然一个人在前方向我招手，我愉快地开过去。可是当这位客人打开车门，想要钻进来时，他的脚下却被什么东西绊住了，由于没有扶好，他一个趔趄摔

第四章 品质 —— 修炼做老板的职业精神

倒了。当时他非常气恼,马上狠狠地把车门一甩,站起来离开了。我当时感到很尴尬,也很无奈,好不容易到手的活儿又跑掉了。我一路沮丧地回家,决心看看是车上的什么东西给我带来了厄运,我打开后座车门一看,发现一个干瘪的矿泉水瓶安静地躺在那里。再看一下周围,哇!车上简直成了垃圾堆:地板上堆满了烟蒂和垃圾,座位或车门把手甚至有一些黏稠的东西。我当时就想,如果我早早地将这些垃圾清理了,也许就可以拉到更多的人,这样一来经济价值也就出来了。

"于是我买来些装饰品好好地布置了一下。很多人都说车不是你的,是公司的,你费这劲干吗。但是我想我是公司的一分子,我有责任做好自己的本职工作。你看现在,由于我的车干净,很多老客户都会用我的车,由于创造的利润多,公司现在已经让我升职了。

敬业就是最好的业绩,一个敬业的人是最成熟的人,是最有前途的人,敬业是职场中的生存之道。

比尔刚进公司的时候只是一名普通的生产工人,后来,他主动请缨,申请加入营销行列。由于他工作认真积极,当时经理便同意了,而且各项测试显示他也适合从事营销工作。

当时，公司规模很小，只有30多个人，没有足够的财力和人力，而公司所需要开发的市场却很大。因此，比尔只身一人被派往西部一个市场——其他市场，也只派出一个人。在这个城市里，比尔一个人也不认识，吃住都成问题，但对企业的忠诚以及对工作机会的珍惜使他丝毫没有退缩。没有钱乘车，他就步行，一家一家单位去拜访，向他们介绍公司的电器产品。他经常为了等一个约好见面的人而顾不上吃饭，因此落下了胃病。他住的地方更是简陋到了极点，这是一个被闲置的车库，由于只有一扇卷帘门，没有电灯，晚上门一关，屋子里就没有一丝光线，倒有老鼠成群结队地"载歌载舞"。那个城市的春天多有沙尘暴，夏天经常下冰雹，冬天则经常下雨，对于一个装备贫乏的推销员而言，这样的气候无疑是一种严峻的考验。有一回，比尔差点被冰雹击晕。公司的条件差到超乎比尔的想象，有一段时间，连产品宣传资料都供不上，比尔只好买来复印纸，自己用手写宣传资料，好在他写得一手好字。

在这样艰难的条件下，比尔也像其他人一样有过动摇，但每次他都对自己说："这是我的工作，我不能抛弃它。"一年后，派往各地的营销人员回到公司。其中有六成人员早已不堪

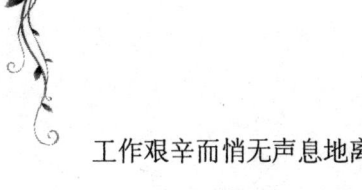

第四章 品质 —— 修炼做老板的职业精神

工作艰辛而悄无声息地离职了,比尔的成绩竟然是最好的。

出色的成绩自然能换来丰硕的成果,三年后,比尔被任命为市场总监,这时,公司已经是一个几万人的大型企业了。

"差不多"心理要不得

不知你是否发现这样一个现象：如果在一场考试中，你只求及格，可能结果往往要差几分。而如果你决心考到前三名，结果可能会考到第四名。因此，"一分耕耘，一分收获"很多时候是无法成立的。很多时候往往是：一分耕耘，零分收获；五分耕耘，四分收获；九分耕耘，八分收获；只有十分耕耘，才有十分收获。将目标定得过低，只能达到比目标还低的水平，而如果我们尽自己的最大努力，在完美的基础上更上一层楼，那么我们就可能达到完美的境地了。我们不仅要发挥才能，还要追求完美——制订高于他人的标准，并且实现它。

欧洲有则著名的寓言，是一个关于马蹄钉的故事。一个马虎大意的将军出征前给战马钉掌时少钉了一个钉子，结果"缺一钉而失马蹄，缺一马蹄而失战马，缺一战马而失战将，缺一战将而遭战争失败，是为失一钉而战败，至国乃亡"。钉子虽

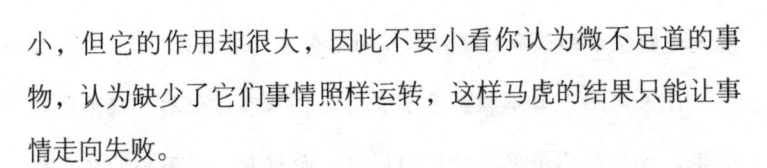

第四章　品质——修炼做老板的职业精神

小,但它的作用却很大,因此不要小看你认为微不足道的事物,认为缺少了它们事情照样运转,这样马虎的结果只能让事情走向失败。

以小窥大,"小"里蕴含着"大",沙粒虽小,犹可"一粒沙里看世界";花朵虽小,犹可"一朵花里见天堂"。任何时候,都不可轻视任何一件看似微小的事物,而是要以认真的态度慎重对待。

魏小娥在海尔工作多年,1997年,33岁的她被派往日本,学习掌握世界上最先进的整体卫生间生产技术。在学习期间,魏小娥注意到日本人在进行试模期生产时废品率一般都在30%~60%,设备调试正常后,废品率仅为2%。

能做到这种程度,在当时已经是很高的水平了,可是魏小娥却问日本的技术人员"为什么不把合格率提高到100%"?"100%?你觉得可能吗?世界上很少有一样产品做到了100%的水平。"日本人说。从对话中,魏小娥意识到,不是日本人能力不行,而是思想上的桎梏使他们停滞于2%。作为一个海尔人,魏小娥的标准是100%,即"要么不干,要干就要争第一"。她拼命地利用每一分每一秒的时间学习,三周后,她带

着先进的技术知识和赶超日本人的信念回到了海尔。

半年之后，日本模具专家宫川先生来回访他的"徒弟"魏小娥，她此时已是卫浴分厂的厂长。面对着一尘不染的生产现场、操作熟练的员工和100%合格的产品，他惊呆了，反过来向徒弟请教问题。

"有几个问题曾使我绞尽脑汁地想办法解决，但最终没有成功。日本卫浴产品的现场脏乱不堪，我们一直想做得更好一些，但难度太大了。你们是怎样做到现场清洁的？100%的合格率是我们连想都不敢想的，对我们来说，2%的废品率、5%的不良品率天经地义，你们又是怎样提高产品合格率的呢？"

"精益求精。"魏小娥简单的回答让宫川先生大吃一惊。

为了突破这2%的界限，为了达到完美的境地，魏小娥下班回家后仍然在想怎样解决"毛边"的问题。有一天，她看到女儿正在用卷笔刀削铅笔，铅笔的粉末都落在一个小盒内。魏小娥豁然开朗，顾不上吃饭，就在灯下画起了图纸。第二天，一个专门收集毛边的"废料盒"诞生了，压出板材后清理下来的毛边直接落入盒内，避免了落在工作现场或原料上，也就有效

第四章　品质——修炼做老板的职业精神

地解决了板材的黑点问题。

　　1998年4月,海尔在全集团范围内掀起了向洗衣机住设本部住宅设施事业部卫浴分厂厂长魏小娥学习的活动,学习她"追求完美的精神"。

　　一位总统在得克萨斯州一所学校作演讲时,对学生们说:"比其他事情更重要的是,你们需要知道怎样将一件事情做好;与其他有能力做这件事的人相比,如果你能做得更好,那么,你就永远不会失业。"

　　或许有的人会说:"不是人们经常说凡事不要太过认真,要量力而行吗?"是的,生活中有些事是难以达到完美境地的,但是这里说的不要认真的意思是对待一些既成事实不要太过计较,指的是在生活的心境上要心态豁达,并非指我们在做具体的事情时可以马虎大意。在事情的最初,我们要抱着做到最好的决心去做,争取最好,但是如果事与愿违,我们也不要太过计较,而要心胸豁达,只要尽力了,就可以无怨无悔。

　　无论从事什么职业,都不能抱着差不多的心态做事,而应该不断追求完美,尽量做到精益求精。如果你是工作方面的行家里手,对自己的工作非常精通,总是尽职尽责,那么这无异于你拥有了出人头地的最好武器。

抱着"差不多"的心态做事，实际上是在无形中降低了对自己的要求，这样生产出来的产品自然也就是粗制滥造的劣质品。而一个对自己要求完美的人，自然就会在同样的工作中生产出质量较高的产品。两者相比，工作成绩的高低自然就十分明了。同时，这也注定了两种不同的事业道路。

人类的历史，由于马虎、敷衍、轻率而造成的失误和悲剧数不胜数。

20世纪60年代，加拿大的一座桥梁在瞬间崩塌，造成巨大的损失。后来调查的结果表明，是由于桥梁的设计出了问题，直接导致了这起恶性事件的发生。这座桥梁的设计者是谁呢？他是加拿大工学院的一名普通的毕业生。当时在制作数据的过程中，发生了一个小数点的偏差，而这个毕业生害怕受到批评，于是抱着"差不多"的心理，就将数据报告交给了工程部门。事情传出，一时间舆论哗然，人们纷纷指责工学院的不负责任，工学院也为此蒙受了重大的经济损失和信誉损失。后来，工学院为记住这个惨痛的教训，买下这座桥的钢材加工成戒指，将其命名为"耻辱戒指"，目的是让每一个学员都记住马虎大意带来的严重后果。每年学生毕业时，校方都要将一枚"耻辱戒指"连同他们的毕业证书一同颁发给学员，希望他们

第四章 品质 —— 修炼做老板的职业精神

谨记教训，知耻后勇。

很多人都以为自己做得已经足够好了，是这样吗？你真的已经把事情做得尽善尽美了吗？你真的已经发挥了自己最大的潜能了吗？实际上，人们往往拥有自己都难以估计的巨大潜能。每个人做每一件事都抱着追求完美的精神，那么他的潜能就能够最大限度地发挥出来。

勤能补拙是良训，一分辛苦一分才

勤奋能弥补某些先天的缺憾，如果一个人先天并不聪明，但他总是很勤奋地去工作，那么他也有可能取得成功。正所谓"笨鸟先飞"，一个人缺少点才气不要紧，要紧的是本身就比别人笨了，还不知道勤奋，还不知道比别人多努力一点儿，多付出一点。成功等于天才加勤奋，一个人只有"才"而无勤奋，还是无法成功。

罗斯金对天才有过这样的阐述："当听到年轻人对天才羡慕不已，推崇至极时，我常会问他这个问题：'天才勤奋工作吗？'我关注的是这两个词的差别：'应付差事'与'勤奋工作'。"英国画家雷诺兹也说："天才除了全身心地专注于自己的目标，工作非常努力以外，与常人别无两样。"

汉夫雷·戴维出身贫寒，因此他根本没有接受过什么良好的教育，这样一个人肯定是不幸的。但是，他又是幸运的。因

第四章　品质 —— 修炼做老板的职业精神

为上帝赋予了他勤奋的精神。当他在药店工作时，他甚至把旧的平底锅、烧水壶和各种各样的瓶子都用来做实验，锲而不舍地追求着科学和真理。天道酬勤，后来，他以电化学创始人的身份出任英国皇家学会的会长。

汤姆本来是一个小镇上的老师，他勤勤恳恳，兢兢业业，但是薪水却十分微薄，尽管他的教学能力不错，还擅长写作。他对自己的薪水总是感到很不平，觉得自己很能干却得到如此少的报酬。汤姆一边抱怨命运的不公，一边羡慕那些工作体面、薪水优厚的同学。这样一来，汤姆对工作更提不起兴趣了，也不再写作，他不务正业，一天到晚琢磨着"跳槽"，希望能有机会调到一个较好的工作单位。

两年的时间就这样过去了，汤姆的课程教得越来越糟，写作上也一无所获。这期间，他试着联系几家自己向往已久的单位，但没有一家单位愿意接纳他。

正在汤姆感到绝望的时候，一件小事，彻底改变了他的生活状态。

学校开运动会，前来观看的人络绎不绝，小小的操场被围

得水泄不通。汤姆也来观看，但他来晚了，只能站在人群后面踮起脚来看，即使这样他还是看不到里面热闹的情景。

这时，身旁一个矮小的男孩引起了汤姆的注意，只见他一趟趟地从不远处搬来砖头，在那人墙后面，耐心地垒着台子，一层又一层，足有半米高。汤姆想，这个小男孩真是不简单，不知道他花费了多长的时间垒起这个台子，不知道他因此少看了多少精彩的比赛，但他登上自己垒起的台子朝周围的观众灿然一笑时，那份成功的喜悦，却是令人神往的。

刹那间，汤姆的心被震了一下——多么简单的事情啊：要想越过密密的人墙看到精彩的比赛，只要在脚下多垫一些砖头就可以了。

从那以后，汤姆满怀激情地投入到工作中去。很快，他被评为了优秀教师，各种令人羡慕的荣誉也纷纷落到他头上，业余时间，他笔耕不辍，作品频繁见诸报端，成了多家报刊的特约撰稿人。他已成为专栏作家。

古罗马人有两座圣殿，一座是美德的圣殿，一座是荣誉的圣殿。他们在安排座位时有一个顺序，即必须经过前者的座位，才能达到后者。勤奋就被排在美德圣殿的最前面——勤奋

第四章　品质 —— 修炼做老板的职业精神

是通往荣誉圣殿的必经之路。

可以肯定，没有任何一个老板喜欢雇用一个懒惰的员工，老板都喜欢勤奋的人，即使他不够能干，也乐意花时间、花成本慢慢培养他。一个懒惰的员工即使再有能力也得不到老板的青睐，因为他们往往把应该在一周前完成的工作拖到两周后。而一个勤奋的员工不仅能快速地完成老板交代的任务，还能做得更好。

曾有记者问比尔·盖茨："明天你做什么？星期天你有什么安排吗？"

比尔·盖茨微笑着回答道："工作。"

世界首富比尔·盖茨星期天还要继续工作，这是不是让你感到有些意外呢？

的确，他应该算是个不折不扣的工作狂，他每周工作60~80个小时已不是什么新鲜事。而在比尔·盖茨年轻的时候，不分昼夜地工作对他来说更是家常便饭。他曾经这样回忆："是啊，那时的生活对于我们而言，就是工作，也许有时也看场电影，然后再工作。有时候客户来访，而我们累得要命，当着他们的面就睡着了。"

这个工作狂也影响了他的全体员工，因而在周末加班几乎成为微软人常有的事。

如果你也能像比尔·盖茨那样忘我地工作，那么你就会成功。

比尔·盖茨说："我这一生只敬重两种人，没有第三种。第一种是不辞辛劳的劳动者，他们勤勤恳恳，默默无闻，日复一日，年复一年，在改造自然的过程中，活出了人的尊严。我非常敬佩那些从事繁重劳动的体力劳动者。我敬佩的第二种人，是那些为了人类能有一个独立的、丰富的精神世界而孜孜求索的人。他们的劳动不是为了一日三餐，却是为了增加生命的养分。稍事劳作就可以满足日常生活的需要，难道就不需要用艰苦而又神圣的劳动，去换取轻松的精神生活和内心自由了吗？我只敬佩这两种人。"

这两种人，从来都是受人尊重的，只有那些梦想不劳而获的人才会受到大部分人的排斥。

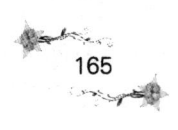

第四章　品质 —— 修炼做老板的职业精神

成功就是"与别人不一样"

二战时，在一个关押犹太人的集中营里关着一对父子，父亲对儿子说："我们现在唯一的出路就是与别人保持不同，这样才能从中胜出，保住性命。当别人说1加1等于2的时候，你应该说大于2。"后来，集中营50多万人先后被毒死，父子俩却奇迹般地躲过了那场浩劫。

德国战败后，他们去了美国休斯敦经商谋生。一天，父亲问儿子，1磅铜的价格是多少？儿子答35美分。父亲紧接着严厉地说："不对，应该是3.5美元。整个得克萨斯州都知道每磅铜的价格是35美分，但作为犹太人的儿子，你应该说3.5美元。你要和别人不一样，才能做到1加1大于2。"

许多年过去了，这位犹太人的儿子希斯已经成了当地一个颇具实力的大人物。他独自经营着一家铜器店。当他把1磅铜卖

到3500美元的时候，他成为了麦考尔公司的董事长。

保持个性是你从众人中突出自己的最好武器，让自己与他人不同，才能避免沦落为平庸之人。与别人不同，才能在众多的竞争者中脱颖而出。不同意味着创新，而创新就意味着胜利。

可是许多员工由于害怕承担责任，在工作中一味地墨守成规，惧怕改变，不愿意尝试用新的方法做事。他们尽量保持与他人相同的步调，不敢出头露面，更不敢尝试新的工作方法，像多数人一样在老路上前进，保持着与他人的共性，逐渐失去了自己的个性。

在一个著名的牙膏公司里，总裁正在与所有的业务主管探讨一个攸关公司命运的大事。

目前的牙膏销售量已近饱和，如何能够在销量上取得较大突破？这个问题的解决关系到公司的命运。总裁眉头紧皱，所有业务主管也无不绞尽脑汁，在会议桌上提出各种各样的点子，诸如加强广告宣传、更改包装、布设更多销售点，甚至于攻击对手等等，几乎到了无所不用的地步。而这些陆续提出来的方案，显然不为总裁所欣赏和采纳。总裁冷峻的目光，仍是紧紧盯着与会的业务主管，使得每个人都觉得自己犹如热锅上

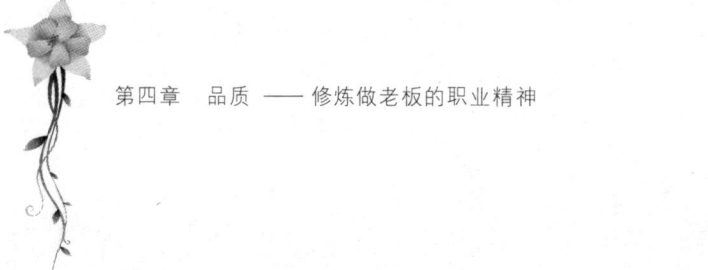

第四章 品质 —— 修炼做老板的职业精神

的蚂蚁一般。

突然，一个敲门声打破了寂静而沉闷的气氛，一位新加盟公司的女孩进来为众人加咖啡，她好像听到了他们所讨论的议题，看他们愁容满面的样子，这位女孩不由得放下手中的咖啡壶，在大伙儿沉思更佳方案的沉寂中，怯生生地问道："我可以提出我的看法吗？"

总裁表情严肃地说："可以，但是你要跟其他人的不同才行。"

这位女孩轻轻地笑了笑："我想，只要将牙膏管的出口加大一点，大约比原口径多40%，挤出来的牙膏重量就多了一倍。因为每个人在清晨赶着上班时，匆忙挤出的牙膏，长度早已固定成为习惯。而加大这么一点之后，多数人是看不出来的，这样，原来每个月用一管牙膏的家庭，是不是可能会多用一管牙膏呢？诸位不妨算算看。"

总裁听完之后，严肃的脸上顿时绽开了笑容，他激动得率先鼓掌，而后宣布让这位女孩加入公司管理层。

人云亦云，只能淹没一个人的才华，不管是生活还是职场都需要你时刻保持自己的个性。保持个性意味着一种可贵的创

新精神，这种创新正是让你从众人中突出自己的武器。相反，一个总是跟在别人身后随声附和的人如同一个机器人，没有自己的思想，总是让别人操纵自己的命运。

一群人比赛爬上一座高塔。这座塔是当地最高的一座，很少有人能够爬上去。

很多人不相信参赛的人能登上塔顶，于是大声喊："别费劲啦！你们是不可能到达终点的！"

听到这些话，一些人开始犹豫不决，最终退出比赛。但有一个人似乎犟劲十足，他始终在坚持，向塔顶不断前进。

下面的人群仍旧在喊："别费劲啦！你们这些人是不可能成功的！"参赛的人纷纷放弃了比赛，只有那一个人还在默默地向上爬，而且越爬越有劲。

接近终点了，其余的人都退出了比赛，只有那一个人用尽全力登上了塔顶。

放弃比赛的人想知道这个人是如何坚持下来的。

最后他们发现，原来这个人是个聋子！

平庸的人总是跟着别人的脚步走路，人云亦云，这样的人不敢创新，不敢走与别人不一样的路，最终只能一事无成。还

第四章 品质——修炼做老板的职业精神

有的人认为创新是老板的事,与自己无关,自己只要做好分内的工作,对得起那份薪水就可以了。如果你这样想,那么你只能让老板放心,但绝不会令老板欣赏。

现代企业的生存和发展离不开创新,一个保守、不敢改变的企业是一个没有活力的企业。企业要生存要发展主要依靠员工的奋斗,而一个员工能否创新、能否保持自己的个性决定了一个企业的命运。在这个以新求胜、以新求发展的世界,员工创新力的高低,很大程度上决定着公司创新力和竞争力的高低。因此,作为企业的员工,你务必要打破旧有的思维的条条框框,发挥自身创造力,学会"绕圈子"走路。当你主动尝试用不同的角度看事物时,创新的智慧会让你得出独到的见解,这将有助于你事业的发展。

但凡事业取得成功的人大多具有创新精神,他们总是让自己保持与众人不同的思想和行动,始终走在最前端。

李嘉诚就是这样一个人,他是全球华人首富,然而奠定他进入富翁阶层基础的却是一次不被任何人看好的冒险行动。

20世纪60年代,香港经济一片萧条,然而就在这样严峻的形势下,李嘉诚依然投下巨资,进军香港房地产。这样的做法无疑是飞蛾扑火,他的这种举动多数人无法理解。大家都认

为：经济萧条，社会很不稳定，原来在香港的外国人纷纷离境，谁还有心思买楼？在这样艰难的情况下投资地产是必死无疑！但李嘉诚不这样认为，他坚信经济不景气的情形不会无限期地维持下去，必有结束之时，且香港这个弹丸之地，人口密集，土地稀缺，经济一旦恢复，地价必大涨。果然，进入20世纪70年代初期，香港经济全面复苏，外国人纷纷回流，几年时间，土地价格上涨数十倍，李嘉诚一下子就赚了数十亿元。

许多人之所以取得了成功，重要原因在于他们有一种敢想敢做的胆量，想别人之不敢想，做别人之不敢做，大胆尝试，锲而不舍。

第四章 品质 —— 修炼做老板的职业精神

勇担责任，不找借口

有一个年轻人一毕业就被安排到一家钢铁公司做冶炼工作，不久，他发现很多矿石并没有得到充分的冶炼，里面还含有很多尚未被冶炼的铁。他不明白这是怎么一回事，但是他觉得自己有责任将这一情况报告给领导，因为如果这样下去的话，公司会有很大的损失。他找到技术工程师，工程师不相信会有这种情况。

于是他拿着没有冶炼好的矿石找到总工程师，总工程师凭借职业的敏感立刻想到也许是出了问题。他直接到车间去察看矿石，果然发现了许多没有冶炼充分的矿石。后来，经过检查发现，原来是检测机器的某个零件出了问题。

如果不是这个年轻人及时反映情况，这个问题可能将给公司造成不堪设想的损失。就是因为他有一种负责的职业精神，

才使得公司及时发现问题，避免了损失。

在战争回忆录《我所知道的战争》中，巴顿将军曾写到这样一个细节：

我要提拔人时常常把所有的候选人排到一起，给他们提一个我想要他们解决的问题。我说："伙计们，我要在仓库后面挖一条战壕，8英尺长，3英尺宽，6英寸深。"我就告诉他们那么多。那是一个有窗户或有大节孔的仓库。候选人正在检查工具时，我走进仓库，通过窗户或节孔观察他们。我看到伙计们把锹和镐都放到仓库后面的地上。他们休息几分钟后开始议论我为什么要他们挖这么浅的战壕。有的说6英寸深还不够当火炮掩体。其他人争论说，这样的战壕太热或太冷。如果伙计们是军官，他们会抱怨他们不该干挖战壕这么普通的体力劳动。最后，有个伙计对别人下命令："让我们把战壕挖好后离开这里吧。那个老家伙想用战壕干什么都没关系。"

最后，巴顿写道："那个伙计得到了提拔，我必须挑选不找任何借口完成任务的人。"

成功者做事总是勇敢地承担起责任，积极地寻找解决问题的办法，而失败者总是胆小怕事，不敢负责，"积极"地寻找

第四章 品质 —— 修炼做老板的职业精神

借口；成功者提供建设性的意见，失败者抱怨不停；成功者承担责任，并全力以赴，失败者等着别人送食物上门；成功者发现毛病就会改进，失败者只会挑毛病；成功者主动进取，失败者消极怠工。一位哲人说过："职责是把整个道德大厦连接起来的黏合剂，如果没有职责这种黏合剂，人们的能力、善良之心、智慧、正直之心、自爱之心和追求幸福之心都难以持久。这样，人类的生存结构就会土崩瓦解，人们就只能无可奈何地站在一片废墟之中，独自哀叹。

很多人在做错了事情的时候，总是习惯性地将错误推到其他人身上，他们埋怨是外界的某些因素让他们失去了成功的机会，他们怪罪于别人，而从不在自己身上找原因，勇敢地承担起失败的后果。也许这种不敢承担责任的习惯早在人类的最初阶段，就被我们继承了下来。在那个美丽的伊甸园里，女人偷吃了禁果，然后又让男人来吃，最后上帝发现他们的过错，便要把他们赶出伊甸园。在最后时刻，男人委屈地告诉上帝："您要怪就怪那女人，是她害我这么做的。"而那个女人也委屈地向上帝解释道："是那条蛇引诱我这么做的，您要怪罪就应该怪那条蛇才对啊！"上帝看他们不知自省，于是更加生气，坚决把他们赶出了伊甸园。

犯了错，不敢承认错误，反而将原因推及其他，这是一种典型的不负责任的表现。一个负责任的人不但敢于承认错误，而且敢于承担失败引发的后果。

这是一个真实而感人的故事：一个巴士司机，在行车途中突然感觉心脏不适，他知道这是自己的心脏病发作了，然而在生命的最后几分钟里，他首先想到的不是打120，及时抢救自己的生命，也不是给家人打电话，做最后的告别，而是在紧急关头做了三件事：

第一，把车缓缓地停在路边，并用生命的最后力气拉下了手动刹车闸。

第二，把车门打开，让乘客安全地下了车。

第三，将发动机熄火，确保了车和乘客的安全。

做完了这三件事，他就一下子趴在方向盘上停止了呼吸。

他并不是伟人，但他的举止与伟人没有区别，他以自己的实际行动向世人诠释了什么叫作责任。一个人的伟大不在于他的财富有多少，也不在于他的名声有多大，更不在于他的地位有多高，而在于他是否真正地担负起了自己的责任。

然而，很多人还是在工作中经常忽略了"责任"二字，以

第四章　品质 —— 修炼做老板的职业精神

至经常出现以下情况：工作敷衍了事——没有责任心；工作中出现了失误，却把原因推到同事身上——推卸责任；拒绝有难度的工作——不愿意承担责任，处处寻找借口，时刻想着如何推脱。

一个公司经理时常听到下属以种种借口搪塞工作中的问题：迟到了，因为堵车；出错了，因为当初不清楚具体要求，等等。这个经理早已厌倦了他们的"借口"，他被这些"借口"搞得不胜其烦。有一天，他想到一个对付借口的好方法，他在办公室里贴上了这样的标语："这里是'无借口区'。"

随后，他宣布，接下来的7月份是"无借口月"，并告诉所有人："在本月，不要再给我找任何借口。"

这时，一个顾客打来电话抱怨送去的货出现了质量问题，刚开始，负责这个客户的小王像往常一样正要解释，但后来他看到了那个"无借口区"的标语，想到老板"不要找任何借口"的话，他便顿了顿说道："的确如此，下次再也不会发生了。"

在向老板请示这件事时，他没有找任何借口，而是老老实实地承认了自己的过错，并答应补偿对方的损失。

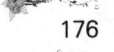

后来这位顾客给公司总裁写了一封信，评价了在解决问题时他享受到的出色服务。他说，一个凡事不找借口，敢于承担责任，并想办法解决的人是一个真正优秀的人才。

在下一个月的工作开始的时候，老板在大会上宣布升任小王为部门主管。

"种瓜得瓜，种豆得豆。"一个人在工作中也是如此，你付出了多少，就能收获多少；你对工作不负责任，工作也不会给你丰盈的回报。要知道，在现代公司里，管理者越来越需要那些敢做敢为、敢于承担责任的员工，因为责任意味着忠诚，意味着全心全意地付出。

建筑工人要把房子盖好，那是他的责任；公交车司机要把车开好，那是他的责任；老师要把学生教好，那是他的责任；老板要把公司管理好，那是他的责任；员工要把工作做好，那也是他的责任……任何人都没有权利推脱自己的责任。如果人人都对自己所做的事敷衍了事，害怕承担责任，结果只能使事情越来越糟，社会也只能一步步走向倒退、走向败落。

责任感是评价一个员工是否优秀的重要标准。我们要很好地保持一种责任感，随时提醒自己，责任不是公司赋予我们的使命，而是我们自己为自己赋予的使命。一个缺少责任感的

第四章 品质 —— 修炼做老板的职业精神

人,首先是失去了社会对自己的基本认可,其次是失去了周围的人对自己的尊重与信任,也就不会成为一名优秀的员工,更不可能有所收获。一个具有高度责任感的人,他的事业高度也会令人瞩目。

我们所生存的世界是一个相互依存的世界,所有生存在这个世界上的人都需要共同努力、郑重地担当起自己的责任,这样才会有生活的宁静和美好。如果一个人懈怠了自己的责任,那么他就会给别人带来不便和麻烦,甚至是生命的威胁。

不管你所从事的是什么样的工作,都应当勇敢地承担起责任,对自己所做的事负责,在犯了错或者失败时也不找借口,而是勇敢面对,积极寻找解决问题的方法。

比老板更积极主动

　　作为一个员工，只有积极主动地工作，出色地完成老板交代的任务，并且积极主动地开辟新的工作领域，才有可能从一个打工者变成创业者。如果只是被动地工作，那么可以肯定，这样的人是缺乏工作热情的，仿佛工作完全是迫于生计，无可奈何而做的事，自然也就认为做好做坏一个样。抱着这种思想工作的人，可以肯定，他一辈子也不可能当上老板。

　　看一下我们身边的老板们，他们一天到晚地忙碌，公司内部大小事宜都要亲自过目，而且外部的一些工作更要全力去做。他们整天忙得不可开交，连吃饭的时间都被剥夺了，他们这么辛苦是为了什么？是为了追求事业上的成功。他们每天积极主动地去工作，因为他们知道工作的目的是什么，自己要达到什么样的目标。如果你也希望自己可以做到老板的位子，那么你就应该比老板更积极主动地去工作，要经常在心里问自

第四章　品质 —— 修炼做老板的职业精神

己："现在我该做什么？下一步该做什么？我要达到什么样的目标？我要如何才能让自己更有实力？"

英特尔公司总裁安迪·葛洛夫在一个大学生毕业典礼上说"不管你在哪里工作，做什么样的工作，你都不要把自己仅仅当作员工——应该把公司当成是自己的一样去卖命。"只有将自己置于主人翁的地位，充分发挥自己的积极性、主动性，你才能像一个创业者那样收获更多的成果。

有一个名叫阿基勃特的年轻人，他曾经是美国标准石油公司里的一个小职员，他有一个习惯，就是每当他出差住旅馆登记的时候，都要在自己签名的旁边写上"每桶4美元的标准石油"几个字，在书信和收据上签名时他也是如此，其他地方需要签名的地方也是如此，只要签了名，他就一定写上这几个字。因此，很多同事嘲笑他，给他起了一个绰号，叫他"每桶4美元"，他的真名反倒没有人记得了。

后来，公司董事长洛克菲勒无意间听说了这件事，他当即表示要亲眼见一见这个与众不同的员工，这个叫作"每桶4美元"的员工。

在见到这个人后，董事长问他为什么要这么做，公司里并

没有规定每个人必须这样做,阿基勒特说:"这不是公司的宣传口号吗?每多写一次就可以多一个人知道。"身为公司的职员,他觉得自己有必要对公司的产品做一些力所能及的宣传。

鉴于他对工作的积极和热情,洛克菲勒当即提拔了这个小职员,5年后,洛克菲勒卸职,阿基勒特继任第二任董事长。

然而,现在很多人仅仅把自己定位为一个打工者,他们总是充满怨恨地说:"把公司当成自己的,可能吗?如果是我自己的,我才不可能只拿这么少的钱!"他们依钱和待遇来定位自己应该付出多少,应该主动还是被动。其实,如果这样想的话,那你只能永远做一个打工仔,而不可能让自己在事业上有所突破,有所成就。

其实,工作并不是一种单纯的机械性的劳动,而是一个包含了智慧、能力、热情、信仰和创造力的事业。积极主动的人总是能在工作中付出双倍甚至更多的智慧、热情、信仰和创造力,而失败者和消极被动的人,却将这些深深地埋藏起来,他们有的只是逃避、指责和抱怨。

工作伴随一个人的一生,它已经与生命紧紧相连,做好做坏已经是一个关乎生命价值和意义的问题,它不再纯粹是一个关于报酬的问题。工作就是自动自发,工作就是付出努力。正

第四章　品质 —— 修炼做老板的职业精神

是为了成就什么或获得什么，我们才专注于什么，并在那个方面付出精力。从这一层面上讲，工作不是我们为了谋生才去做的事，而是我们用生命去做的事！

因此，积极主动永远没有错。积极主动就是不用老板吩咐你该做什么，你都能主动寻找该做的事情并且尽可能出色地完成。积极主动代表了一种不断进取的精神，时代在前进，社会在发展，如果不能让自己处于时代的潮流中，如果不能积极主动地充实自己的实力，就难免被社会所淘汰。

有两种类型的员工老板最不欣赏：一种是除非别人非要他做，否则不会主动做事的人，这种人总是在等待，把所有的时光都消磨在等待上了；另一种是即使别人让他做，他也做不好的人，这种人本身办事能力就差，也就无法要求他什么。

哪一种员工更令老板不喜欢呢？显然是第一种，这种人最不可原谅，他们抱着为别人工作的态度做事，自然不会有什么成果。作为一个员工，你不能只是被动地等待别人告诉你去做些什么，而是应该主动地去了解自己应该做什么，能做什么，怎样才能精益求精，做得更好，并且认真地规划它们，然后全力以赴去完成。被动地工作、懒惰应付的人只能在成功的门外徘徊。真正取得较高成绩的人是那些不需要别人催促就会主动

做事，而且不会半途而废的人。这种人知道自己的价值所在，在明确的目标下积极主动地做自己应该做的事情，并且严格要求自己，努力要自己做到更好更出色。

被动消极的人是"要我做"的那类人，而工作出色的人往往是"我要做"的那类人，"要我做"和"我要做"代表了两种截然相反的工作态度，一个积极主动，一个消极被动，两种工作态度，便产生了两种工作结果。因此，要想让自己工作出色，并且时刻向着成功奋进，甚或希望自己做老板，那么从今天起，你就要变"要我做"为"我要做"。无论面对的工作多么枯燥乏味，"我要做"的主动精神都会让你取得非凡的业绩。

第四章 品质 —— 修炼做老板的职业精神

认准老板，不离不弃

人生路上难免碰到风雨，不管是老板还是员工，都会在职场中遭遇坎坷。此时，你若能向困难的人伸出援助之手，有良知的人都会深深感激你；而如果你落井下石，那么再没有感情的人也会觉得心寒。

要知道，老板也是人，他不是神，这就注定了在老板的创业之路上也会遇到种种风雨，此时，你是与他并肩同行呢，还是转身离去？

聪明的人会选择留下，与老板风雨同舟，勇敢地与老板并肩而战，共同携手走过那段风雨。一个人不会永远倒霉，也不会永远顺利，有风雨也有晴天，风雨过后就是艳阳天。当企业柳暗花明时，相信任何一个老板都会感激你并使你得到应有的补偿。

而愚蠢的人则会在老板遇到困难时决绝地离开，他的理由

是：老板在顺利时不看重我、不重用我，给我的待遇极低，我在你眼里什么都算不上，你只把我当成你挣钱的机器。而今，你有困难了，谁会管你死活？这种人是一种自私的人，他们只顾眼前，没有长远的打算。虽然他的理由不无道理，但是，一个人不应只记得别人的坏，应该记住别人的好，以上善之心来对待任何人，若你能在别人最无助的时候拉人一把，那么对方即使是你的仇人，也会深深感激你的。

曾经有一个大企业一度辉煌，老板是一个精明的上海人，他经营企业有方，可谓是个成功人士，但是他对待员工态度恶劣，要求苛刻，因此得不到员工的认可。很多员工都是看在这里待遇好才一直没有离开，但员工对于这样的老板都觉得非常厌烦，认为他缺少人情味。

在强调以人为本的时代，一个缺乏人情味的老板要想得到员工的认可和爱戴显然是不可能的。因此，后来当企业在一夜之间垮掉的时候，这个老板的处境就可想而知了：许多员工纷纷离去，就连他一度信任和厚待的中层领导也都另谋高就，他们认为这是对"黑"老板的报应。

偌大一个企业瞬间成为一具空壳，所有的人都离他而去，

第四章 品质 —— 修炼做老板的职业精神

这个平时趾高气扬的老板顿时傻了眼,他后悔当初不该如此"冷血"。但一切为时已晚,他想到了自杀。

自杀之前,他想再去看一眼他心爱的办公室,推门进去,他发现一个人正在打电话,这是公司里职位最低的职员小王。小王打完电话,回头对老板说:"我已经联系好了一个人,他愿意给我们投资,帮我们渡过难关。"

老板不敢相信自己的耳朵,他惊讶地问道:"为什么别人都走了,你却不走呢?"

小王说:"虽然你态度恶劣,人人厌烦,但是我曾在这里工作,对企业也是有感情的,我不忍心看着这个企业瞬间崩塌。我相信你现在需要帮助,就像我刚毕业那年艰难地找工作时,你录用了我一样,我觉得此时我也应该帮助你。"

一番话,令老板感激涕零。后来,企业起死回生,很快又辉煌起来。这个老板改掉了以前恶劣的态度,对员工非常关爱。企业也在业界获得了富有人情味的美名。

那么,小王呢?与老板风雨同舟的他已经担任了副经理的职务,成了老板的得力助手。

与老板风雨同舟是一种感情投资。这种感情投资会让老板记住你曾是他的恩人，有良知的人会在心里记得你的好，并且会在适当的时候予以回报。相信在困难时你帮了你的老板，那么当他从困难中走出后，他一定会重用你，助你走向事业的成功之路。

如果说老板是船长，那么员工就是船员，只有船长而无船员的船是一具空壳，只有船员而无船长的船则会迷失方向，只有二者配合，才能顺利地在充满危险的大海上航行。

许多员工都有这样的亲身体会，就是常常得不到老板的认可，反而引起他的误解和厌烦。对于这种现象，应该以一种平和的心态对待，不要有任何抱怨，要知道"老板永远是对的""人在屋檐下，不得不低头"，要学会忍耐，即使得到不公平的待遇也要微笑着把泪咽下去。把成绩给老板，把痛苦留给自己。

顾全大局，不感情用事，和老板同风雨、共患难，这就是一个好员工的最佳职业精神。

对于你认准的老板，一定不要在他遭遇风雨时离开，要勇敢地与他承担风雨，这样才能共同迎来双方事业的辉煌。

第五章 能力——掌握和拥有专业技能

第五章　能力——掌握和拥有专业技能

努力提高专业技能

技能对一个人的工作来说犹如一座矿山，它必须蕴含丰富的矿藏才能使你具有更高的价值，也才能在职场中占有一席之地。如果我们的矿产比别人贫瘠的话，那我们怎样才能成为公司里不可或缺的人呢？

我们必须清楚这样一个事实：任何一家公司都不是慈善机构，会无缘无故地收留你；任何一个老板都不是慈善家，会无缘无故地救济你。老板所关心的就是公司的盈利，而不是任何其他的东西。作为一个员工，你之所以被老板雇用，那是因为你身上有被他利用的价值，而这价值不在于你的学历高低、长相如何，全在于你的专业技能是高还是低。因此，努力提高自己的专业技能是一个员工立身职场的重要途径，无论干什么，都有一身绝活，这才是最重要的。

重庆煤炭集团永荣电厂有一个锅炉技师，他叫罗国洲，是

一名有30年工龄的普通工人。从烧锅炉到司炉长、班长、大班长，他在锅炉运行岗位上兢兢业业地干了30载，成为国内闻名的"锅炉点火大王"和"锅炉找漏高手"。至今他仍深情地爱着陪伴他成长并成熟的锅炉运行岗位。这个岗位让他感受到了一名工人技师的荣耀和自豪。

罗国洲是当之无愧的"找漏"高手，他有一副听漏的神耳，只要围着锅炉转上一圈，就能在炉内的风声、水声、燃烧声和其他声音中，准确地听出锅炉受热面中哪个部位管子有泄漏声；只要往表盘前一坐，他就能在各种参数的细微变化中，准确判断出哪个部位有泄漏点。这副"神耳"使他无数次及时将运行中的锅炉漏点逮了个正着，避免了无数次无计划停机；这副"神耳"使他发现缺陷上千次，为企业创造的安全经济价值难以用数字统计，成为工友们崇拜的找漏高手。

在找漏上罗国洲的能力毋庸置疑，此外，他还练就了一手锅炉点火、锅炉燃烧调整的绝活儿。不管是在用火、压火，还是在配风、启停等方面，他都有独到的见解。锅炉飞灰回燃不畅，他提出技术改造和加强投运管理建议，实施后使飞灰含碳量平均降

第五章　能力——掌握和拥有专业技能

低到8%以下，锅炉热效率提高了4%，为企业年节约32万元。锅炉传统运行除灰方式存在很多弊端，为了找到更好的除灰方式，罗国洲提出"恒料层"运行的方法，经实施，解决了负荷大起大落问题，使标煤耗下降0.4克／千瓦时，年节约200多万元。

罗国洲没有多高的学历，也没有多高的职务，但他却在自己的本职工作中取得了如此高的成绩，成为社会公认的技术能手和创新能手，他的成长经历给我们的启迪就是只有努力提高自己的专业技能，才能有所成就。

有的人总是抱怨自己如何得不到升迁，老板对自己如何苛刻，但是你仔细考虑过吗，为什么你总是不能得到老板的青睐？为什么你工作了很久却依然是个小职员？其实，你应该在自己身上找原因，要首先问一下自己：我的专业能力如何，真的做到精通了吗？如果你也能像这位锅炉工人罗国洲一样潜心研究业务，努力提高自己的专业技能，那么在你将工作做得很好的时候，老板还会对你如此苛刻吗？

因此，在工作中我们要像海绵一样，广泛摄取这一行业中的各种知识。你可以向同事、主管、前辈请教，还可以从专业书籍、报纸、杂志中汲取知识。要在你所从事的行业中全方位

地深度开发。假若你学有所成，并在自己的工作中表现出来，你必然会受到老板的重用。

无论从事什么职业，都应该尽量让自己精通，而不是一知半解，一瓶子不满半瓶子晃荡，要尽量让自己往更高的层次发展，而不是满足于平庸的现状。要让自己成为该职业领域的高手、专家。高水平的专业技能是职场中含金量最高的证书，它比高学历、高文化、高理想都远远有力得多。一个没有一技之长的人要想在竞争激烈的职场中立身很难；一个人，没有什么看家本领，只能面临被淘汰的命运。

发展才是硬道理。任何一家公司都希望往更高层次发展，取得更大的利润。利润的获得只有依靠自身的实力，而这实力就是每一个员工的能力。任何一个老板都希望自己拥有一群能力卓越、业绩突出的员工为其创造利润，如果你能力平平，那么还谈何创造利润呢？你在老板心中的位置也就可想而知了。

要知道，老板最器重的人永远是有真才实干、有能力的人，而不是毫无本领的人。因此，努力提高自己的专业技能，才能成为老板的左膀右臂，才能成为老板眼中最优秀的员工，才能在公司里真正有地位、有价值、有发展前途，才能逐渐走向成功。

第五章　能力 —— 掌握和拥有专业技能

不断学习，不断进步

工作需要实干家，但是一个只知道埋头苦干，而不知道学习的人永远也做不出大的成绩。

"三人行，必有我师"，我们身边有很多比我们优秀的人，他们的经验、能力是我们学习和借鉴的最好样本。工作中，我们要虚心向身边的人学习，学习他们的长处。比如，你的同事小李比你工作效率高，这时你就要学习他是如何提高工作效率的，然后在自己的工作中一边学习，一边改进，久而久之，你的工作效率也会提高上去。

大多事业有成的人都具有虚心向他人学习的习惯，他们懂得不学习就等于落后的道理，他们具有常人所没有的远大目光，他们对事物的发展具有前瞻性的长远打算，他们身边聚集了很多各有所长的人，他们向这些人学习，学习他们身上的优点，从而获得更多的信息和成功的机会。

诺基亚是目前全球手机市场的巨头，它占据了全球手机份额的30%，这在整个手机行业来说已经算是很了不起了。2003年，该公司已经有2万名员工从事研发活动，在如此众多的研发员工中，要想突出自己，就必须拥有过人之处，让自己具有强于别人的能力。

有一个人在诺基亚研发部工作，他看到这个部门不仅员工众多，而且人才济济，高学历、高能力者大有人在，他想："在这样的团体里，该怎样才能让自己脱颖而出呢？显然，我要时刻有一颗学习的心，要善于从周围的优秀人物身上学习、模仿，才能时时保持先进，不致落后。"从此，当其他人还在抱怨工作辛苦、待遇低的时候，他却在默默地看书，思考问题。

有一天，到了下班时间，其他同事都走了，只有他还待在那里埋头写着什么。此时，经理从这里经过，看到他在那里，就走过去问他在写什么，他回答是在写一天的工作总结，这个经理当时没说什么。第二天，经理把他叫到办公室，问他对于这份工作有什么建议，他说："我觉得公司并不缺少劳动力，但是那些有经验并不断学习的人却为数不多，我觉得我们公司

第五章　能力 —— 掌握和拥有专业技能

十分需要这样的人。"经理听了，觉得他的建议很好，于是决定让他来担任该部门的主任，就这样，他最终从众多员工中脱颖而出，成为诺基亚的法国研发中心主任。

兵书上说："唯有运筹于帷幄之中，才能决胜于千里之外。"运筹帷幄的能力需要学习，需要探索，不然只能是空谈而已。作为一名员工，只有不断学习先进知识，才能保持领先地位，在众人中脱颖而出。

如今的社会是一个高度信息化的社会，每一分每一秒都会有新的事物产生，新旧事物更替加速，有一项研究表明现在知识的更新率是10年前的4倍、20年前的6倍，在技术领域其更新率尤为迅速。快速发展的社会要求每个人都有学习新知识的能力，这样才不会被新的时代所淘汰，才能接受新事物，学习新事物，与时代共进。在工作岗位上同样如此，如果一个人只是固守着原来的旧知识，旧方法，不寻找新思路，新方法，那么最终就难免陷入落后的局面。

香港首富李嘉诚能够成为世界华人商业领袖，跟他不断学习紧密相关，他的一生，是"学习改变命运"的最佳写照。

李嘉诚小时候家境贫寒，14岁父亲病逝，他因此早早辍学，负担起整个家庭的生计。他到舅父的钟表公司做小学徒，

在这里，他工作十分勤劳，从不偷懒。他以舅父为榜样，尽力做好每一件事。

他学习舅父待人接物的技巧，注意他与人交谈的方式，然后再回头时时揣摩、模仿，而且用笔记住那些生意场上的专业名词、职场用语等，这些知识丰富了他的头脑，为他以后的事业打下了坚实的基础。

此外，他还在每天下班后，到废品收购站去买别人废弃的旧教材，从书本上学习文化知识，弥补学业上的欠缺。

之后，他到五金公司做推销员，在此过程中，他先前从舅父那里学到的东西都派上了用场，在与客户交流中，他总能很快地断定客户的需求层次、性格爱好等，因此，他进步很快，两年后就被提拔为塑胶公司的总经理。

成功后的李嘉诚并没有放弃学习的习惯。青年时他受的正式教育很少，尤其是英语，连26个英文字母都没学全。从此，他开始刻苦学习英语，因为他深知在香港做生意，不学好英语，就不可能干出大事来。之后，经过刻苦的学习，他的英语水平已经取得了很大的进步，其水平甚至比普通的大学生还要

第五章　能力 —— 掌握和拥有专业技能

高。果然，在他以后做塑胶花生意时，他的英语知识发挥了较大的作用，他订阅了好几种全世界最新的塑胶杂志，以便能够掌握市场的最新动态。在这些外国杂志中，他留意到一部制造塑胶樽的机器，其价格很高，他没有从外国直接购买，而是凭着自学的英文知识研制了这部机器，这件事一度成为佳话。此外，他靠着当初所学的英文知识和外国人做生意，逐渐打开了国际市场。没过几年，他就成为享誉东南亚的"塑胶大王"了。

　　之后，他依然不断学习，不断充实自己各方面的知识和能力，使自己保持先进水平，这让他在每个年代都成为时代的领军人物。20世纪60年代，李嘉诚大举入市，从塑胶大王变为地产大王；20世纪70年代，公司上市，成为资本市场纵横捭阖的王者；20世纪80年代，他又一举进入电信和网络行业；20世纪90年代，他以140亿美元的价格卖掉英国Orange电信公司，然后大举进入欧洲的3G业务。他旗下的Tom公司，以网络为核心，建立起庞大的传媒帝国。如今，年已古稀的他仍然坚持学习，真正是"活到老，学到老"啊！

　　作为一名员工，除了学习如何做一个合格、优秀的好员工之外，还要学习如何做一名成功的老板，跟老板学经。

奥普浴霸如今已经成为国内知名的品牌，短短几年，就取得了飞速发展。这个品牌的创始者方杰，早在澳大利亚留学的时候，就有意识地到澳大利亚最大的灯具公司打工，希望回国之后可以创立自己的公司。进入该公司之后，他发现老板是一个谈判的高手，于是他希望可以学习到老板的谈判经验。

此后，他争取每一个与老板一起进行商业谈判的机会，并且很认真地聆听他们的谈话，并将老板与对方的谈判内容一句句记录下来，然后再带回家仔细揣摩、学习，看看老板是怎样分析问题的，对方是怎样提问、老板又是怎样回答的。这样跟在老板身边不断学习，几年以后，方杰就成了一个商业谈判高手。最后老板退休了，把位子让给了他。1996年，方杰差不多已经成了澳洲身价第一的职业经理人。之后，他回国创业。就这样，方杰的奥普浴霸诞生了。

现代的市场竞争激烈，固守旧有的思维很难将企业做大做久，只有改变思维，积极创新。每一个公司都在绞尽脑汁不断做出技术、管理上的创新，只有这样才能适应新的市场情况和新的竞争。作为公司组成分子的员工，也必须不断学习，不断更新自己的知识，不断进步。

第五章　能力——掌握和拥有专业技能

树立正确的财富观

　　有什么样的观念，就有什么样的命运。观念决定命运，财富观不同，人生轨迹也就不同。

　　《富爸爸，穷爸爸》的作者罗伯特·清崎说过这样一番富有哲理的话：

　　如果现在的你拥有一份稳定的工作，收入也不低，每天你很辛苦地工作，顾不得家庭和孩子，好像在一个跑步机上不停地跑步的人，你把自己完全交给了你的工作。然后，你结婚了；过了几年，你买了房子、车子，生活比原来舒服了很多，但是你仍然感到压力很大，因为你要还房贷，而且马上你又有了孩子，你需要养孩子，养房子，这时，你跑得更快了。

　　为了让自己的家更幸福，你工作更拼命了，你每天很晚才回来，忙得顾不得吃，顾不得玩。这时老板看你工作很努力，就给你加了薪，不过你的家庭花销也跟着涨了，因为孩子又该

升学了。此时，你已经40岁了，你感觉自己明显老了，出了很多问题，你的胃很虚弱，腰也弯了，终于在一个夜晚加班的时候，你心脏病发作，死了。

这就是如今社会工薪阶层的生活现状，它展示了一种为了生活、为了金钱而赔进性命的典型事例，意在告诉人们如何树立正确的财富观，如何创造一种既富裕，又健康的生活。

罗伯特·清崎的爸爸是个穷爸爸，他总是说："贪财是万恶之源。"他是一个高级职员，位高权重，但是由于缺乏财务知识，没有正确的财富观念，最后陷入财务危机。他的价值观就是："循着公司的梯子，一步步往上爬。"他最大的目标就是希望孩子好好读书，然后找个好工作，挣多少钱无所谓。罗伯特·清崎的朋友麦克的爸爸是个富爸爸，他认为："贫穷是万恶之本。"他一直致力于有计划地经营企业，他重视财富，并懂得为自己所用，他靠出色的财商打理工作，因而生活得很幸福。

平时，我们在报纸上、网络上、人们的交谈中，总是听到人们说"有钱不一定快乐、幸福""很多有钱人精神都很空虚""要那么多钱干吗"，意思是财富和快乐永远是成反比的。他们说"财富和快乐相比，哪个更重要？当然是快乐了。

第五章 能力 —— 掌握和拥有专业技能

因此，穷才能快乐"。而罗伯特·清崎却说："我贫穷的时候，我很不快乐，而我富有的时候，我很快乐，为什么富有就不快乐，就不幸福呢？这只是个别人的见解而已。为什么不能既有财富又有快乐？认为富裕就不快乐、不幸福，这种想法是一种傻人的心态。我现在有很漂亮的房子、车子，我觉得现在很幸福。"

很久以来，我们都被一种观念蒙蔽了眼睛，很多人告诉我们要甘于贫穷，不要追求财富，我们的父母、亲朋好友都告诉我们要好好读书，以后找一个好工作，过安稳的日子，因此，我们一直对财富抱有一种排斥的心理，无法真正从心里接纳它。

可是到头来，我们拼命工作，却依然一无所有，我们很清贫，却发现通过工作并不能解决许多经济问题。直到此时，很多人才恍然大悟，原来贫穷才是最不快乐，最不幸福的。

"财富观不同，人生结局也就迥异。"罗伯特·清崎认为只有让钱生钱，拿钱去投资，才能真正地富裕起来。钱本身不会让你变富，能使你变富的是正确的财富观念，一颗富人的头脑，一种富人的心态。

穷人有了钱就存起来，不敢投资，他们怕将本钱赔进去，而富人则将钱拿出去投资，让钱给自己带来利润。如果他们购

买房子，他们会考虑房子是资产还是负债。他们认为，富有与否，不在于你有多少资产，而在于你的财务报表上是资产还是负债。

　　要做老板就要有一个正确的财富观，既不能一味地陷到钱眼里出不来，一心向钱看，为了挣钱不择手段，也不能认为财富就是罪恶，有钱就不快乐、不幸福。要想做老板，就要有正确的投资观念，懂得理财，只有这样，才能创造财富，活出精彩。

职场不欢迎"花心"人

情场里几乎没有一个人喜欢花心的人，花心的人感情不专一，视爱情如游戏，不认真，不负责。

职场也同样如此，一个在职场中朝三暮四的人也不会得到人们的认可。职场不欢迎毫无能力的人，同样也不喜欢朝秦暮楚的花心公子。今天想在这个行业工作，明天又想到另一个行业工作，这样换来换去，哪一个行业都是浅尝辄止，只学了点儿皮毛而已，就像猴子掰玉米，掰一个丢一个，结果什么也做不好。

按这种方式工作的人本身是对自己精力的一种极大的浪费。世界上最大的浪费，就是把一个人宝贵的精力无谓地分散到许多不同的事情上。每个人的时间有限、精力有限，想要做到样样精通，简直是不可能办到的。想要做好一件事，将其做到极其优秀的地步，取得一定成就，就一定要摒弃"花心"的

坏毛病。

　　爱默生说："一次只做一件事、一心向着自己目标前进的人，整个世界都给他让路！"一个人要成功，就必须专注于一件事情，把全部精力都投入到一项事业中，永远只朝着一个目标迈进。一位大企业家说："写出两个以上的目标就等于没有目标。"日本的一句谚语也说："滚石不生苔。"这句话是说，如果你在一个地方稳定不下来，到处乱转，就不会有任何收获。精力太分散，今天做这个，明天做那个，肯定不会做出任何成绩来。只有聚集全身的能量，永远朝着一个目标奋斗，专注地投入，才能成就一个优秀的你。

　　有一个年轻人从名牌大学毕业后就找到了一份不错的工作，这个工作是做计算机编程，正好跟他的专业对口，他很高兴从事了自己喜欢的工作。但是好景不长，不久，他就觉得这份工作非常乏味，而且当看到同在一个公司里工作的销售人员薪水比自己高很多时，他开始讨厌这份工作，并有了转做销售的打算。一直以来，他觉得自己的性格并不适合做技术类的工作，他善于交谈、沟通，喜欢做和人打交道的工作，总之，他觉得他应该去从事销售类的工作。于是，他辞掉这份工作，换

第五章 能力——掌握和拥有专业技能

了一家公司去做销售，卖电脑。

　　刚开始时，他激情万丈，工作很积极，他感到终于找到了自己事业的落脚点，他觉得这才是他梦寐以求的理想职业。慢慢地，在工作中，他发现原本自我感觉突出的口才其实根本算不上什么，他发现很多时候他不知道如何摆平那些难缠的顾客。一个月过去了，他还没有卖掉一台电脑，他开始感到失望，感到无奈，他觉得这是自己能力的问题，而不是任何其他的因素，他努力寻找失误的地方，吸取教训重新来做。半年过去了，他依然没有卖出一台电脑。此时，他彻底绝望了，他不再以为是自己能力的问题，而是因为自己不适合做这样的工作，于是，他想到再换别的工作。但是做什么呢，此时，他已经30多岁了，将来做什么他还没有确定，他感到前途一片渺茫。

　　故事中的年轻人在我们的生活中不乏其人，看一下周围，因为不满目前的工作而频繁地更换工作的例子实在不少。今天觉得这个不错，有前途，于是就赶紧去做；明天觉得那个更好，更有前途，于是又赶紧跳槽。这样的人目光短浅，以一时之利为自己工作的出发点，殊不知，这样却耽误了自己一生的前途。

　　从一个较为熟悉的行业转入到另一个陌生的行业，这中间

的损失是相当大的，不仅有经济上的，也有经验、人际关系、职位、资历等方面的损失。因为如此一来就意味着你过去花费在工作上的一些精力变得完全没有价值和意义，要做下一份工作，就要一切从头开始，这是对原来工作的一种浪费。

当然，工作上要专一并非是指无原则、无条件地干同样一个工作，如果你对目前的工作不感兴趣，并且觉得不符合自己的特长、能力，你完全可以另谋职业，但是在更换职业时，一定要考虑清楚，不要草率。

现在社会对工作的专业化要求越来越高，每一个人都需要有一项比较精通的技能才能在职场站稳脚跟，如果一个人在职场中总是摇摆不定，变来变去，只能让自己陷入被动的局面，无法使自己达到专业化水平，更不能在一项事业中做到最好，自然也就不能事业有成。

如果确定了自己事业的目标，就要心无旁骛地坚持下去，而不是半途而废。不管怎样都能坚定自己的目标是一个成大事之人的最大特点，只有坚定不移、始终如一地做同一件事，才能有所成就。这就像卫星导航船一样，一直朝着目标航行，不管什么样的天气，船只都能始终在茫茫大海中向着一个地方前行，绝不会中途搁浅。

第五章　能力 —— 掌握和拥有专业技能

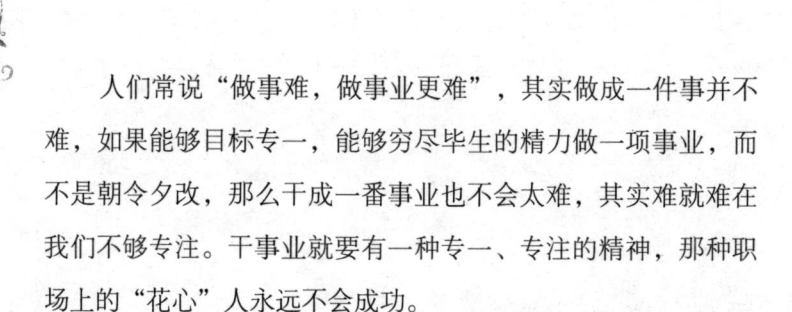

人们常说"做事难，做事业更难"，其实做成一件事并不难，如果能够目标专一，能够穷尽毕生的精力做一项事业，而不是朝令夕改，那么干成一番事业也不会太难，其实难就难在我们不够专注。干事业就要有一种专一、专注的精神，那种职场上的"花心"人永远不会成功。

爱岗才能有所成就

爱岗体现了一个人对工作的热爱和负责的态度,爱岗的人不只是把工作当成养家糊口的工具,同时也对这份工作注入了自己的热爱之情,他将自己的身心都融入到工作中,勤勤恳恳,任劳任怨。

一个不热爱自己的岗位的人是无法做出一番成绩来的,他们把工作视为一种负担,从来不去思考如何将工作做得更好,他们只知道抱怨,心中充满怨气,对工作缺乏热情,对公司缺乏感恩。在他们眼里,做与不做一个样,做好做坏一个样。

有一个人在一家五金店工作,他是个微不足道的小职员,每年才挣80美元。但是他总是勤勤恳恳,从不抱怨。有一天,一位顾客买了一大批货物,有铁锹、钳子、马鞍、水桶、箩筐、盘子等等。这个人帮顾客把货物堆放在马车上,装了满满一车。这时天色已晚,小职员也到了下班的时间,但是这名顾

第五章 能力 —— 掌握和拥有专业技能

客看起来有些担心，他想运回这么多货物，路上没有帮手很难顺利到家。小职员看出了顾客的担忧，于是自告奋勇跟他一块儿去送货。顾客说："这并不是你的本职工作，它不在你的职责范围内，我真的很感谢你能帮我。"

小职员顾不得回家，就这样跟顾客走了。

刚开始一切都很顺利，但是，没过多久，车轮就陷进了一个泥潭里，费了很大劲也没有推动。幸好，一个商人驾着马车路过，帮他们把车拖出，并将货物送到顾客家里。

此时，天色已晚，在向顾客交付货物时，小职员仔细清点货物的数目，一直到很晚才回家。

第二天，那位商人突然到店里去找这个小职员，并对他说，他为他提供了一个年薪500美元的职位，希望他能加入。这个小职员谦虚地说："我能力平平，您何以看上我呢？"这个商人说："你虽然工作能力一般，但你工作努力，而且更重要的是你非常热爱你的岗位，你能牺牲自己的下班时间为顾客送货，足以说明了这一点。"小职员接受了这份工作，并且从此走上了成功之路。

不管你做什么工作，不管你能力如何，都一定要有爱岗的职业精神，你首先要热爱自己的岗位，才有希望做出一番成绩。一个连自己的本职工作都不热爱的人，还谈何努力地工作？谈何将工作做好呢？

很多人总是在心里以为自己的岗位低下，职位卑微，待遇不如人意，因此不好好工作，总是抱怨，也从不投入更多的精力，而是浑浑噩噩地混日子，过一天算一天。

这样的员工相信没有一个老板会喜欢，也没有人愿意和这样的人为伍，而那些工作积极、爱岗敬业的员工才会受到大多数人的欢迎。

李立在一家报社工作了很久，从最初的小职员到后来的部门主任，他的工作都非常顺利，但是他还是不满足，他总觉得他在这里已经工作了20年，才混到个主任的职位，相比那些只用了几年就当上主编的人来说，他觉得自己很不成功，因此，他总是抱怨不断：职位太低、工资不高、分红太少、没有发展，没有前途。因此，他很快失去了工作之初的干劲，他不再早去晚归，工作积极，而是办事拖拖拉拉，整天无精打采。他对目前的工作一点儿都提不起精神了，于是想辞职。但是，辞

第五章　能力——掌握和拥有专业技能

职后他又怕一时找不到合适的工作。

不久，他与高中同学聚会，发现很多当年学习特别差的同学此时已经各有所成了，有的当了老板，有的当了学者，生活、工作都很幸福，此时，他觉得自己特别失败，待在一个角落不肯与大家交谈。

这时，他最要好的朋友走过来寒暄，当知道他正为工作的事烦恼时，这个朋友说："做好任何一个工作的前提就是你必须热爱你的工作，爱岗才能敬业，你连你的工作都不热爱，还谈什么做出成绩呢？你目前觉得自己的工作不好，只是你没有被提拔导致的个人主见，其实，只要好好工作，爱岗敬业，相信不久你就能获得老板的认可。"

李立当天喝得酩酊大醉，他回去后好好思考了一下，列出了今后工作的计划。第二天，他穿上许久不穿的西服，打上领带，精神抖擞地去上班了。工作中，他觉得这份工作非常有意义，虽然有些枯燥，但是价值重大。

不久，他果然得到了提拔，当上了主编。

天下没有免费的午餐，老板不是慈善家，员工不可能不劳而获，要比别人多付出一点儿才有可能得到更多。而将工作做

好的前提就是热爱自己的岗位，一个连自己的工作都不热爱的人，将不可能正视工作带给他的积极意义，而是总被困在毫无激情、毫无成绩的怪圈里。

不管从事什么样的工作，都要首先爱岗，爱岗体现了一个人的责任心和敬业的工作态度，它是一个人做好工作的前提，也是一个人走向事业成功的必经之路。

第五章　能力——掌握和拥有专业技能

干一行，精一行

皮尔卡丹对他的员工说："如果你能将一枚纽扣钉好，这远比一件粗制的衣服更有价值。"一个成功的制造商说："如果你能做出最好的图钉，那么，你的收入将会比制造劣质的蒸汽机更多。"爱默生也说："如果一个人能够比他的邻居制造出一种更好的捕鼠器，那么即使他住在森林里，世界也会把路铺到他的门前。"

如果你是个书法家，那么你是书法领域里最有造诣的人吗？如果你是个记者，那么你是传媒行业里眼光最敏锐的人吗？如果你是个会计，那么你是这个行业里算账最准确无误的人吗？

做一行，精一行，要做就做最好。只有最好，才能离成功更近一步。

比利时有一个演员叫辛齐格，他在一出著名的基督受难

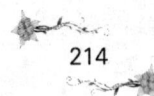

舞台剧中扮演了很多年耶稣，他的演技已经达到了炉火纯青的地步，很多时候在台下观看的观众都觉得自己不是在看一个戏剧，而是在看真正的耶稣。

辛齐格精彩的演技得到了人们的称赞，经常有很多人慕名而来见这位"真正的耶稣"。一次，演出结束后，辛齐格正在后台卸妆，突然走进来一对夫妇，他们说自己远道而来，希望跟他合影留念。辛齐格当即同意了。合影之后，丈夫突然看见一个巨大的木头十字架，这正是辛齐格在舞台上表演时所使用的道具。丈夫觉得新奇，于是要妻子给他照一张他背着十字架的相片。但是当他走过去却发现这个十字架并非他所想象的只是一个道具，它沉重无比，他费了很大劲也没能将它搬动，更别说背到肩上去了。

他使尽全身的力气，累得气喘吁吁也没能将这个十字架背起来。最后，他不得不放弃了。他仔细看这个十字架，发现它是用真正的橡木做成的，难怪它那么沉。

丈夫显然很不理解一个道具为什么要用真的材料来做，他迫不及待地问辛齐格："为什么您每天要背着这么沉重的东西

第五章 能力 —— 掌握和拥有专业技能

演出呢？道具只要用一个假的不就行了吗？"

辛齐格说："如果用一个假的代替，我就不能感觉到十字架的重量，而耶稣当初受苦的感觉我也无法感知。我要自己的形象是一个真正的耶稣，这样才能达到最好的效果。"

一个已经有很高造诣的人依然不放弃追求更高的目标，依然要求自己的技艺更上一层楼，这种精神不仅是一种对职业本身精益求精的态度，更是一种对生命意义的至高追求。

大音乐家贝多芬是一个对自己要求苛刻的人，他一直不满自己的作品，而且从不放弃对自己的作品进行批判，并且总能在发现不足的时候清楚该在什么地方有所改进，从而让作品更加完美。

直到他在音乐界有了很高的知名度，他的作品已经得到了众多人的认可，他对自己的作品还是不断地挑剔。曾经有一位朋友给他演奏一首他早期的作品，可听完后，他问："这是谁写的曲子？"演奏者说："先生，难道您忘了吗？这是您写的。"他想了一下，显然没有记起是自己所写，他惊讶地说："不可能，这么糟糕的东西居然是我写的？贝多芬，你可真笨！"他自己解释道。

"三百六十行，行行出状元。"每一个行业只要做好了，都有希望培养出状元。但是这中间要经过一段艰辛的历程，要使技艺保持一流的水平，就必须让自己在这一行业做到精通，熟悉每一个环节，并且每一个环节都能做到优秀，这样你才能成为一个专家，成为本行业不可或缺的红人。

有一个少年，15岁就到一家酒店做杂工，他没什么本领，长得一般，又不是那种聪明机灵、嘴巴甜、讨人喜欢的孩子，他只知道老老实实地做事。尽管天生愚钝，但他从不偷懒，而且总是要求自己做好每一件事。很快，他从打杂开始进到厨房，在大厨师身边切菜，其实，这是给他机会学习做菜，但他却只知道老老实实地切菜，几乎很少看大厨师做菜。大厨师也是个敷衍了事的人，见这孩子如此老实，也懒得理他。但是，这个孩子在切菜的空当，琢磨出了一道非常特别的甜点：他把两只苹果的果肉都放进一只苹果里，这个苹果就立刻丰满了很多，但是从外表上根本看不出是两只苹果拼起来的。它就像天生长成的那样，样子好看，吃起来也特别甜美。

这个甜点后来被老板发现，老板觉得挺好吃，于是把这道菜列入菜单。后来，一位长期住在该酒店的贵妇人发现了这道

第五章　能力 —— 掌握和拥有专业技能

可口的菜，她非常欣赏这道菜，于是约见了这个小厨师。她希望能在自己每次来酒店住宿的时候都吃到这道菜。

很快，这道菜就被很多客人所喜欢，几乎每一个来到这里的客人都会点这道菜。老板吩咐小厨师别再切菜，允许他可以拿起铲勺炒菜。但是小厨师婉言谢绝了，他说他在没有把原来的那道菜做得更好的情况下，是不会去做其他的菜的。

酒店每年都会裁掉一些员工，但这个不起眼的小厨师却安然无恙。后来老板说，他很欣赏他对工作精益求精的态度，这个态度是做好一切事情的基础。

一个人在职场中一定要做到业务精通，工作精益求精，不满足现状，不断追求卓越，这样才能使自己成为职场中一个重要的角色，才能在成功之路上一路畅通。

学会管理时间

时间就是生命,时间对于工作的意义非常重大。一个珍惜时间的人能够很好地利用时间,在最短的时间内创造最大的价值,他也必然能够尽快地获得成功。而那些不珍惜时间的人,他们视时间为草芥,不会管理时间,工作起来没有效率,办事拖拖拉拉,毫无成绩,这样的人自然很难成功。

一天24小时,这是永远都不会变的,时间对于每个人都是公平的,它不会因为某种原因少给你一分,也不会因为某种原因多给你一秒。但是为什么在同样的时间里有的人可以做出更多的成绩,有的人却什么也做不了?

一天24小时,每个人享有的时间都是相同的,不同的是,相同的时间在不同的人手里会产生不同的效率。懂得时间管理的人能够很好地利用时间,在最短的时间里创造最大的价值;不懂得时间管理的人,则往往浪费宝贵的时间,结果就很难做

成大事。

法国思想家伏尔泰曾说过这样一个谜语:"世界上哪样东西是最长的又是最短的,最快的又是最慢的,最能分割的又是最广大的,最不受重视的又是最受惋惜的;没有它,什么事情都做不成;它使一切渺小的东西归于消灭,使一切伟大的东西生命不绝?"

我们不难猜出这个"东西"就是时间。时间对每一个人来说都是如同生命一样宝贵的东西,它来去匆匆,对于那些浪费时间的人它毫不留情,但对于那些珍惜时间的人它又会慷慨大方地赠予他们丰硕的果实。它让虚度光阴的人感到可耻,让辛勤劳作的人感到光荣。

每个人都被上帝公平地给予每天3个8小时:第一个8小时工作,第二个8小时睡觉,第三个8小时所创造的价值则是人与人之间最大的区别。如果你能充分地利用第三个8小时,那么你就能较别人获得更多的东西。假如每天你花两个小时上下班,两个小时吃早、中、晚饭,一个小时看电视,那么你就只剩3个小时的自由支配时间了。你可能会在这个时间里健身、唱歌或者找人聊天。但是如果你能从交通、睡觉、吃饭的时间里分别省出一些时间花在交际上,你的人脉增长将是惊人的;如果你

把这个时间用在学习上,你的收获也是惊人的。

现在,生活节奏加快,职场竞争激烈,工作压力增大,每个人都抱怨"时间怎么过得这么快,还有很多任务没有完成呢"!一天8小时工作的时间还是不够,到底是时间真那么少,工作真那么多,还是由于我们不懂时间管理所致?

会管理时间的人能够在有限的时间创造无限的价值,充分利用每一分钟,尽可能多地获取更多的资源。

现代管理大师彼德·德鲁克曾经说:"不能管理时间,便什么都不能做好。"

达尔文是个善于进行时间管理的人,他善于利用最短的时间创造最大的价值。当初他从剑桥大学毕业后,决定进行一项环球考察。在一艘轮船上,他充分利用每一分钟,进行了大量的实地考察,搜集了足够研究50年的珍贵标本。当别人在聊天时,他坚持每天写航海日志。此外,在繁忙的考察工作之余,他还经常与国内的科学界朋友保持紧密的书信联系,了解更多的科学知识,其中有很多信件都被作为学术论文发表。5年之后,当他踏上久别的国土时,他竟然被人们称为伟大的海洋生物学家。当有人问他为何能在短短的5年时间里获得那么多材料

第五章　能力——掌握和拥有专业技能

和不菲的成果时,他从容地回答道:"我只是科学地规划了自己的时间,并且从不放弃每一分钟。我把别人认为微不足道的半小时也当成珍宝,因此,才能获得较多的收获。"

时间永远是公平的,你对它重视,它也不会亏待你;你若忽视它,它就会让你得到严厉的惩罚。

在工作中合理利用时间,学会时间管理,这对一个人事业的发展至关重要。对如何合理安排工作时间和生活时间,安排工作中重要与非重要事情的先后次序、每项工作开始和结束的时间、每天所要完成的工作量等等,都要有一个清楚的规划,这样做起事情来才不会手忙脚乱,才能按期完成任务,才能顺利实现自己所确定的目标。

有的人一上班便开始了工作,一整天看起来都很忙碌,从不肯休息一分钟,但是他的工作做得却并不算好,往往到规定的时间还无法按期完成任务,甚至还要拖延几天,所做的工作也不能得到老板的认可。而有的人平时看上去并不忙碌,但工作却总是很出色,为什么?因为他们懂得运用时间管理方法,他们在工作中将任务分成若干小块,然后按照先后顺序逐一完成。同时他们还会有很详细的日计划表,规定自己每天完成多少工作,这样就把本来很繁重的工作分解成了一个个小的任

务，因此解决起来也就轻松了许多。

　　这两类人在工作中都没有偷懒的现象，他们都很勤奋，但结果却大不相同，为什么？差别就在于一个懂得时间管理，一个不懂；一个有计划地办事，一个盲目地办事；一个是聪明的工作者，一个是愚笨的工作者。前一种人必然能够出色地完成工作，成为老板欣赏的员工，而后一种则因为效率低下，无法得到老板的认可。因此，在工作中做好时间管理对一个人的工作非常重要。

第五章　能力——掌握和拥有专业技能

站在对方的位置考虑问题

　　许多时候，我们思考问题总是站在自己的角度，很少有人站在对方的位置上去思考。因此，很多人的想法就很偏激，无法将问题处理妥当。

　　成功者一般都会站在对方的立场思考问题，在与别人发生纠纷时，他们大多会照顾别人的感受，而不是一味地满足自己的利益，这样的人必然会得到别人的肯定，从而开拓成功的人际关系，开拓成功的事业。

　　松下幸之助在总结自己成功的经验时，就将"站在对方的位置考虑问题"作为很重要的一条列出。作为世界知名企业松下电器公司的创始人，松下幸之助能够走上事业的成功之路，这一条的确起了很大作用。

　　这一条经验缘自一个关于"犯人的权利"的故事。

　　有一个犯人被单独关进一个牢房，警察怕他自杀，于是

把他的皮带和鞋带都拿走了,因此,他就只能用手整天提着裤子,幸好不用做什么事情,这样倒也无妨。他毫无怨言。但是监狱给他的饭菜实在难以下咽,他们每天从高高的铁门下面给他塞进来一些残羹剩饭,他对此毫无胃口,于是他整天都不吃饭。就这样,他每天提着越来越宽松的裤子走来走去,看着越来越明显的肋骨,他感觉生命毫无意义。

突然,他闻到一股香烟味——男人对香烟有天生敏感的嗅觉,他马上闻出来那是他喜欢的香烟。

他通过门上的窗口看到这股烟是从走廊里一个卫兵的嘴里飘出来的,卫兵正在美美地享受这根烟,慢吞吞地吐出一个烟圈。犯人再也忍不住了,他犹豫地敲了一下门。

卫兵过来问他干什么,他结结巴巴地表达想要一根烟抽。

卫兵却大声说:"你是个犯人,你没有这个权利。"

犯人恼怒了,他觉得自己有权利吸一根烟,即使他是个罪犯,哪怕是个恶贯满盈的罪犯,也有权利吸一根烟。因此,他再一次敲了一下门。

卫兵很凶地吼道:"你又想干什么?"

犯人厉声说："我真的就想要一根烟抽。如果你不给的话……"犯人停了下来，卫兵笑着问他："不给你怎么样啊？"

"不给我我就用头撞这堵墙，直到失去知觉。当我被当局发现，我就说是你干的。然后，以后每一次听证会，你就必须出席，必须向每一个听证委员解释你是无辜的，你还要填写一份报告，接受调查，想一想你所卷入的事情吧，为了一根烟，你愿意吗？"

卫兵愣住了，他没有想到犯人也会反抗，他乖乖地给了犯人一根烟，并且亲自点着。

松下幸之助从这个故事中得到的启示是凡事都要从对方的立场考虑问题，不能单单按自己的想法办事。这个卫兵就是因为只从自己的立场想问题才触怒了犯人。而犯人因为从卫兵的角度考虑问题，知道他最担心的问题是什么，于是轻而易举地达到了自己的目的。

在跟对手较量的时候，如果能够从他的立场考虑问题，那么战胜对方就容易得多了。

"知己知彼，百战不殆。"了解了对方的想法才能让自己更明确地采取行动。

在与人相处的过程中，要学会站到别人的立场考虑问题，这样才能有良好的人际关系。那些凡事总是考虑自己的人是最自私的人，他们不考虑别人的感受，别人肯定也不会顾及他的感受。只考虑自己的人肯定不会得到大家的肯定。

有一个著名的企业家说："那些总能够设身处地地为他人着想的人，从来无须为前途而忧心忡忡，因为能够站到对方立场考虑问题的人已经成功了一半。"

在职场中，一个做老板的和一个做员工的无论何时都不会有相同的思维，因为他们代表两个截然不同的立场，做老板的肯定觉得员工还是不够优秀，不够勤奋，不够敬业，不够努力；而做员工的也肯定会觉得老板对他们还很缺乏人情味，给自己的待遇不高，对自己太过苛刻。老板把员工当成被剥削者，员工把老板当成剥削者；老板把员工当成赚钱的机器，员工把老板当成生存的来源。这种对立的局面就决定了二者考虑的角度永远不会相同，在发生矛盾时，往往也就很难调和。

其实，只要换一下位置考虑问题，就会豁然开朗，假如你是个员工，当被老板批评工作不努力时，大多数人都很难心服口服地接受，一般都易产生抵触心理。如果此时你能换一下位置考虑这件事，你就会明白，如果你是老板你也会这么做。

第五章 能力 —— 掌握和拥有专业技能

很多时候我们觉得对方做的事情让自己无法接受,他不该那么做,但是如果我们换一下位置去思考的话,就会发现其实你也会那么做,只是我们很少以这样的思维去考虑问题罢了。

所以,当发生分歧或矛盾时,换一下位置去思考,你的心态就会平和了。

拖延是成功的大敌

一般成功的老板都有一个习惯，就是做事从不拖拉，他们喜欢立刻行动，甚至甘愿冒着巨大的风险，也一定要马上付诸行动。

做事拖延的人做不了老板，做老板必须有当机立断的作风，否则迟早也会被淘汰。做事拖延是成功之路上的大敌，没有一个人喜欢做事犹犹豫豫、徘徊不前的人，不仅工作中如此，生活中拖延的人也不被人所喜欢。

拖延的人做事讲究稳妥，因此迟迟不敢行动，但是就在这样的拖延中，他们让来到眼前的机会白白地溜走了，而这机会正是许多人总是害怕失败，总是力图寻找一种稳妥、保险的做事方法，殊不知，世界上没有绝对保险的东西，就连保险箱也有被盗的可能。人生路上更是风险不断，谁也不知道明天的路是泥泞还是坦途。在这种情况下，如果因为害怕走错了路，便

第五章　能力 —— 掌握和拥有专业技能

不敢向前迈进一步，只能使自己裹足不前，更难以走向成功的目的地。

　　对待工作应该学习艾森豪威尔的精神，凡事应该迅速决断，而不是瞻前顾后、徘徊不前。拖延是工作中的一大禁忌，本来该周一上交的工作，你偏偏要等到周三交，你总是害怕自己的工作不够完美，因此反复修改使其更加完善。如果总是如此，就会延误工作进程，不但影响了自己的工作，也会对公司的整个工作进程产生影响。

　　在一个人事业成功的道路上，立即行动是取胜的关键，要想走在别人前头，就要养成办事爽快、不拖拉的习惯。

　　华特食品有限公司的创始人武振海是一个做事干脆的人。20世纪80年代，武振海还是个一无所有的人，但是他一直不曾放弃自己的理想。一天，他在家看电视，看到很多果珍、咖啡广告在荧屏上不断地播出，他的脑海里突然产生了一个灵感——食品业将会很火。他的理由很充分：中国是个人口大国，对于食品这个最基本的需求应该越来越大，那么食品市场就会前景广阔，我何不现在就开始做呢？

　　武振海性格豪爽，办事从不拖拉，想好了就干，于是华特

食品有限公司成立了。后来在市场调查的过程中,他得到了一个令他振奋的情报:某微生物研究所研制成功了一种天然饮料添加剂。武振海当时就敏锐地觉察到这种添加剂一定会有广阔的市场,于是他火速去见该研究所所长,在第一时间获得了该项科研成果。

第二天,他听说在他离开研究所一小时后,有一家公司也去研究所订购这个科研成果。他暗自高兴:幸亏我没有拖拉,不然就丧失了一个大好机会。

在之后的订货会上,他展出了自己名为大亨的高浓缩天然饮料,吸引了很多经销商订购。从此,"大亨"一炮打响,给武振海带来了不菲的收益。

武振海的成功与他办事果断有很大的关系,如果当时他不是果断地将科研成果买下,那么他就很可能与之后的成功无缘了。

要想让自己更加优秀就要培养自己果断果敢的性格,而不是事事拖延。凡事拖延会成为一种坏习惯,阻碍事业的发展。

当断不断,必留后患。拖延是成功的大敌,要做老板就要培养自己果断的个性。